U0134369

智能制造与工业互联网丛书

以人为本的柔性设计

基于人-系统集成方法

[法] 盖伊·安德烈·博伊（Guy André Boy）◎著
易兵 王柏村 ◎译

DESIGN FOR FLEXIBILITY

A Human Systems Integration Approach

机械工业出版社
China Machine Press

图书在版编目（CIP）数据

以人为本的柔性设计：基于人 - 系统集成方法 /（法）盖伊・安德烈・博伊著；易兵，王柏村译 . -- 北京：机械工业出版社，2022.5
（智能制造与工业互联网丛书）
书名原文：Design for Flexibility：A Human Systems Integration Approach
ISBN 978-7-111-70781-3

I. ①以… II. ①盖… ②易… ③王… III. ①人 - 机系统 - 系统集成技术 - 研究 IV. ① TB18

中国版本图书馆 CIP 数据核字（2022）第 082645 号

北京市版权局著作权合同登记 图字：01-2022-0855 号。

以人为本的柔性设计：基于人 - 系统集成方法

出版发行：机械工业出版社（北京市西城区百万庄大街 22 号 邮政编码：100037）
责任编辑：王 颖
责任校对：殷 虹
印 刷：保定市中画美凯印刷有限公司
版 次：2022 年 8 月第 1 版第 1 次印刷
开 本：170mm × 230mm 1/16
印 张：9.75
书 号：ISBN 978-7-111-70781-3
定 价：79.00 元

客服电话：（010）88361066 88379833 68326294
投稿热线：（010）88379604
华章网站：www.hzbook.com
读者信箱：hzjsj@hzbook.com

The Translator's Words 译者序

近年来，数字化、网络化、智能化等技术的迅猛发展，不断提高人类生产和生活的水平，给我们带来了诸多便利的同时，也产生了流程僵化等问题。2019 年年末突如其来的新冠肺炎疫情，已在世界范围内暴发并持续两年多，对全球范围内的经济和生活造成了严重影响，凸显了流程僵化时一个系统的脆弱性。人们不禁反思："如何管理突发事件，实现从刚性自动化向柔性自主化的过渡，构建一个更加注重柔性和可持续发展的世界？"

与此同时，随着消费结构的升级，个性化、定制化产品的需求不断攀升，对产品设计 – 制造 – 使用 – 维护等全生命周期过程的柔性要求也越来越高。因此，实现以人为本的柔性设计，并探索面向未来的人 – 系统集成方法成为研究重点。从企业管理者角度来看，他们面对云计算、人工智能、大数据等新一轮科技革命的"使能"技术，也面临技术选择和企业改革的彷徨：如何正确使用新的技术并制定更具整体效率且符合企业长远利益的战略？如何使企业流程更具柔性和适应性以更好地满足个性化定制生产的需求？总之，随着社会 – 技术系统不断走向数字化、智能化，基于固定流程的传统自动化会造成系统的僵化，使人们越来越意识到：技术发展不是为了取代人类，而是更好地服务于人类。因此，如何构建以人为本的可持续发展的社会–技术系统成为人们关注的焦点。

翻译本书的初衷，在于呼吁人们在设计制造过程中考虑人的因素和操作柔性，打破传统流程的僵化，以生产满足个性化需求和可持续发展要求的产品，减少资源浪费，为和谐、绿色和健康的社会发展做贡献。我们期待读者能够从书中精彩的故事、翔实的论证、客观的分析中得到启发，能够对人本柔性设计有进一步的认识，对人–系统集成有基本的了解，能够将其与日常生活和工作规划相结合，制定更为长远且可持续的目标，从而使我们的生活更加智能化、人性化。

本书的翻译出版得到中南大学数字样机与数字孪生实验室的大力支持，以及机械工业出版社王颖编辑的宝贵建议与帮助，在此表示感谢。感谢郑冉和刘龙博士生对本书审校工作的帮助和建议。

译者

2022 年 1 月

Preface 前言

本书的内容主要来自我在过去 20 年中所做的演讲、INCOSE[一]人 - 系统集成工作组的研究成果（我有幸协调该工作组），以及目前我领导的巴黎中央理工高等电力学院和伊斯塔技术研究所的柔性技术（FlexTech）项目的相关工作。本书尝试从人 - 系统集成（Human System Integration，HSI）的角度解决当前和未来数字社会的柔性问题。

我们对“柔性”日益增长的需求源于不断扩展的新的数字技术的使用，以及维护自由和道德价值的需求。应该指出，虽然这些新的数字技术对我们有很大的帮助，但它们也带来了限制、僵化以及与现实脱节的可能，存在使我们失去某种“常识”的风险。

“常识不过是 18 岁之前在头脑中沉积的偏见而已！”我经常想起爱因斯坦[二]（Albert Einstein）的这句话，还有比利牛斯山脉的牧羊人，比如，他们

[一] International Council on Systems Engineering，国际系统工程理事会（https://www.incose.org/）。

[二] Barnett, L. (1948). The Universe and Dr. Einstein: Part II. *Harper's Magazine*, Volume 196 (microfilm).Harper & Brothers Publishers, New York. (retrieved 26-05-2020: https://quoteinvestigator.com/2014/04/29/common-sense).

教我根据谚语来预测第二天的天气："夜色红，牧羊人喜"，意思是傍晚天色变红，第二天的天气会很好。

我尝试运用这些谚语，但很多时候都无济于事，我回到牧羊人那里，告诉他们我的不幸遭遇，他们都会心地笑了，说："你没有正确地看天空，我的朋友！"晚上，他们给我指着天空，解释说如果它是红色的，但阳光在云层上反射，则必须使用另外一句谚语："太阳看自己，小心会下雨。"当然，这一切使用的都是奥克西坦语（法国南部传统语言）。那时，我还不到 18 岁！当运用这些启发式方法时，我真实地感受到这些牧羊人充满了"常识"。

这就是我的朋友——比利牛斯山脉的牧羊人，在我 18 岁之前教给我的"常识"。如今当我用批判性思维来解释研究工作的计算结果或实验结果时，仍然拥有这种"常识"吗？真正吸引我的是这种经验的组合，这些经验通常基于数学逻辑，以启发式且合理化的形式积累并代代相传。在我看来，运用常识确保获得"有意义"的结果是非常重要的。这种"有意义"更多情况是定性而不是定量的，比如每次进行"学术"计算时，我们都必须对它们进行解释（即赋予它们意义，从而赋予它们足够的主观性）。这种主观性经验判断由日积月累的丰富经验组成。我总是能够发现这种知识和诀窍，经过不断测试和精心编制它们，可以在日常活动中实现广泛的弹性与灵活性。当然，这样的测试和编制总是非常依赖于环境（即知识和相关的专有技术是在特定环境中测试和编制的，不一定能逐步推广）——这是常识的局限性之一。

经过多年的研究，有一天，我偶然发现了一本介绍古希腊人记忆事物方式的书——《记忆的艺术》（Yates，2014），这本书由弗朗西斯·耶茨（Frances Yates）所著（最初于 1966 年出版）。古希腊人使用将可观察的真实物体与抽象相结合的助记法[1]来传播知识。这种传播知识的方式实际上一直持续到20世纪，在勒内·笛卡儿（René Descartes）于1637年发表《方法论》之后，这种原始方式逐渐被淡化。今天，值得注意的是，互联网作为一种外在的联想记忆，同时也是笛卡儿《方法论》的纯技术发明产物，它的使用让我们想起了《记忆的艺术》这本书中的内容。因为我们需要将“书签”“图标”和其他“提示”关联起来，指导我们在网页上进行搜索，从而将具体事物与抽象概念联系起来。但是，在这种情况下，我们如何培养“常识”呢？

在这一点上，我想分享我在NASA的经历。我有幸与阿波罗计划中的一些参与者共事过，当然，是在他们功成名就以后。他们的事迹让我自惭形秽。除了非凡的金融投资，为什么像阿波罗这样的计划会在全球取得如此成功？第一个答案就是做好准备、柔性（弹性），以及相关人员的重大承诺。

飞到月球大约需要4天时间，1969年7月至1972年12月期间，有12个人登上了月球。阿波罗团队主要由具有民用或军用航空经验的年轻飞行员、工程师和科学家组成，他们在平时训练时需要像海绵吸水一样吸收大量知识。每当我有机会与他们中的一些人进行讨论时，我都会看到一种极致的努力、同理心和能力。地勤人员一直被视为航天员的“延伸”，他们非常尊重机组人员，反之亦然。这些人最大的优势是他们的恒定态势感知能力和对犯错误的恐惧。团队合作建立在信任、纪律和口号“你必须像训练一样飞行”[2]的基础上，这意味着前方有很多艰苦的工作。工作汇报是公开、诚实和完整的，反馈的纠正措施有效推动了后续的飞行任务（Griffin，2010）。

---

[1] 助记法是一种记忆事物的方法，如使用熟悉的物理位置，例如房子，并把要记住的事物放在房子的某个位置来记忆的方法。

[2] 你必须像训练时那样认真完成任务，这是美国国家航空航天局（NASA）前飞行总监杰里·格里芬（Jerry Griffin）告诉我们的，他们在阿波罗计划中一直如此。

实施大型或高风险项目的一个基本要求是人与人之间的信任，以及对所使用的技术和组织机构的信任。没有信任，就没有有效协作，至少不能以自由且被接受的方式进行。克服失败需要韧性，这是任何项目取得成功所必需的品质。毋庸置疑，阿波罗 1 号任务是一场灾难，3 名宇航员在佛罗里达州卡纳维拉尔角 34 号发射台上燃烧的指令舱中丧生。也就在这个发射台，之后又进行了 16 次飞行发射，其中就包括 1969 年 7 月帮助尼尔·阿姆斯特朗和巴兹·奥尔德林两人首次在月球上行走的阿波罗 11 号。

我们如何看待这种由积累、阐述、实施和测试的经验构成的“常识”呢？当然，登月是一次独特的经历，一开始并没有基于经验的常识，因为在这个领域根本没有经验。他们必须思考，基于假设建立概念，然后采取行动。溯因推理的逻辑机制处于首位，并通过计算、模型和模拟来建造任务所需的所有设备。此外，建立异常情况下应该采取的飞行管理流程和求生模式也非常重要，就像阿波罗 13 号那样。这种“常识”是以敏捷的方式动态构建的，正如雅克·莫诺（Jacques Monod）所说的那样，成功是偶然的，也是必然的，但也得益于有能力和积极进取的团队的合作。

我们如何保持这种“基于经验的常识”的活力、变化和发展？自阿波罗以后，很少再发展此类项目。相反，我们经历了越来越多的短期项目，迫使参与者基于短期财务目标对当前形势做出反应，而不是基于人文目标积极主动地做出反应。

在新冠肺炎疫情大流行之前，我们仍然专注于大规模自动化，试图用“自动”机器（例如自动驾驶汽车）替代人类。今天，我们正在考虑重建一个更加注重自然与可持续发展的技术之间平衡的世界，这种意识比以往任何时候都更加切实。我们是否要设计和开发更环保的飞机？我认为别无选择。航空不是唯一受环保问题影响的工业部门，技术的未来发展必须满足环境、社会和经济的强约束。

值得注意的是，虽然航空航天行业的诞生和发展得益于航空航天爱好者的钻研，但过去20年，航空企业的财务管理演变成重销售、轻研发的模式。我希望新冠肺炎疫情危机将有助于改变这种状况。我们不得不建造更环保的飞机，将人类和社会方面的因素放在首位，同时还有平衡经济方面的因素。我们不得不从“以技术为中心的工程”转向“以人为本的设计”。我们不得不从生态和社会的角度重新思考柔性问题。

本团队开展的“柔性技术项目”正是制定这种人－系统集成（HSI）新范式中的基本原则。在未来一个世纪，HSI是不可或缺的，将以社会－技术集成为起点。让我们停止为工程师制造技术！停止像大型商业机构的财务经理和股东们所要求的那样——为钱而赚钱。我们将不得不创新，尽管采取了所有预防措施和预测，但总有一天我们必须做出决定并冒险采取行动，“准备”对于冒险至关重要（Boy和Brachet，2010）。柔性技术项目使用以基于经验的常识（即“良好的经验感”）为中心的方法，当然这种常识是在准备、信任和协作的基础上构建的。本书提出了若干线索、概念和方法，使我们的社会－技术系统更具柔性，并进一步发展这种新的可持续范式。

感谢那些提供帮助并使本书出版的朋友！本书是首次系统介绍柔性技术项目相关内容［包括研究和教育项目，以及伊斯塔概念实验室（ESTIA Concept Lab，CLE）］的入门读物。我首先想感谢的是辛西娅·拉莫特（Cynthia Lamothe）、海伦·华德·德拉马雷（Helen Huard de la Parre）、帕特西·埃利萨尔（Patxi Elissalde）、伯纳德·亚诺（Bernard Yannou）、奥利维尔·吉克尔（Olivier Gicquel）、菲利普·杜福克（Philippe Dufourq）及让–帕特里克·加维德（Jean-Patrick Gaviard），感谢达索系统（Dassault Systèmes）基金会对建立伊斯塔概念实验室的支持。

感谢一直以来对本书给予直接或间接支持的人们。他们是亚当·阿布丁（Adam Abdin）、奥黛丽·阿比·阿克勒（Audrey Abi Akle）、大卫·阿特金森（David Atkinson）、蒂埃里·巴伦（Thierry Baron）、安妮·巴罗斯（Anne Barros）、埃里克·巴托利（Eric Bartoli）、蒂埃里·贝莱特（Thierry Bellet）、迈克尔·博德曼（Michael Boardman）、塞巴斯蒂安·布尔诺伊斯（Sébastien Boulnois）、杰里米·博伊（Jeremy Boy）、佩林·博伊（Perrine Boy）、迪维亚·马达万·布罗希尔（Divya Madhavan Brochier）、斯特利安·卡马拉·迪特平托（Stélian Camara DitPinto）、纳丁·库特（Nadine Couture）、弗朗索瓦丝·达塞斯（Françoise Darses）、肯·戴维安（Ken Davidian）、伯纳多·德利卡多（Bernardo Delicado）、布鲁诺·德帕登（Bruno Depardon）、朱利安·德泽梅里（Julien Dezemery）、詹姆·迪亚兹·皮内达（Jaime Diaz Pineda）、弗朗西斯·杜尔索（Francis Durso）、米卡·安德斯雷（Mica Endsley）、阿兰·加西亚（Alain Garcia）、让–帕特里克·加维德（Jean-Patrick Gaviard）、伊彭·乔治（Eapen George）、阿米·哈雷尔（Ami Harel）、阿维·哈雷尔（Avi Harel）、丹尼尔·豪雷特（Daniel Hauret）、安德烈亚斯·马科托·海因（Andreas Makoto Hein）、玛丽娅·詹科维奇（Marija Jancovic）、格雷斯·肯尼迪（Grace Kennedy）、丹尼尔·克罗布（Daniel Krob）、伯特兰·兰茨（Bertrand Lantes）、奥利维尔·拉尔（Olivier Larre）、贝诺·勒布兰克（Benoît Le Blanc）、杰里米·莱加德（Jérémy Legardeur）、拉里·莱弗（Larry Leifer）、卢多维奇·洛因（Ludovic Loine）、雷蒙德·卢聪桑（Raymond Lu Cong Sang）、克里·伦尼（Kerry Lunney）、迪米特里·马森（Dimitri Masson）、克里斯托夫·梅洛（Christophe Merlo）、彼得·莫尔特

（Peter Moertl）、凯瑟琳·莫西尔（Kathleen Mosier）、让－米歇尔·穆诺兹（Jean-Michel Munoz）、马克·穆森（Marc Musen）、唐纳德·诺曼（Donald Norman）、菲利普·帕兰克（Philippe Palanque）、大卫·帕帕拉多（David Pappalardo）、让·皮内特（Jean Pinet）、埃德维奇·奎勒－格里沃（Edwige Quillerou-Grivot）、杰罗姆·兰克（Jérôme Ranc）、加里·罗德勒（Garry Roedler）、让－克洛德·卢塞尔（Jean-Claude Roussel）、亚历山大·鲁道夫（Alexander Rudolph）、阿纳贝拉·西蒙斯（Anabela Simoes）、弗朗索瓦·瑟米（François Thermy）、莱蒂娅·乌尔费尔斯（Laetitia Urfels）、埃里克·维伦纽夫（Eric Villeneuve）、特里·温诺格拉德（Terry Winograd）和阿维格多·宗南辛（Avigdor Zonnenshain）。我还要感谢那些帮助提升本书质量的匿名审稿人。

最后，感谢玛丽－凯瑟琳（Marie-Catherine）的耐心和爱心，与你不断的讨论以及你的帮助使本书成为现实。

Guy André Boy

法国巴黎

2021 年 3 月

参考文献

Boy GA, Brachet G (2010) Risk taking: a human necessity that needs to be managed. Dossier. Air and Space Academy, France

Griffin G (2010) Crew-Ground Integration in Piloted Space Programs. Keynote at HCI-Aero'10, Cape Canaveral, Florida, USA

Yates F (2014) The Art of Memory. Random House, U.K. ISBN-13: 978-1847922922

缩 写 词

AAAI	Association for the Advancement of Artificial Intelligence	人工智能促进协会
ADD	Active Design Document	主动设计文档
AI	Artificial Intelligence	人工智能
AI4SE	Artificial Intelligence for Systems Engineering	人工智能赋能系统工程
AUTOS	Artifact, User, Task, Organization and Situation (pyramid model)	人工制品、用户、任务、组织和情境（金字塔模型）
BPMN	Business Process Model Notation	业务流程模型符号
CFA	Cognitive Function Analysis	认知功能分析
CPSFA	Cognitive and Physical Structure and Function Analysis	认知和物理结构和功能分析
CSCW	Computer Supported Cooperative Work	计算机辅助协作
DC	Design Card	设计卡片
DTM	Design Team Member	设计团队成员
FMS	Flight Management System	飞行管理系统
FTP	File Transfer Protocol	文件传输协议
GEM	Group Elicitation Method	团体启发式
GP	General Practitioner	全科医生
GPS	Global Positioning System	全球定位系统
HCD	Human-Centered Design	人本设计
HCI	Human-Computer Interaction	人机交互
HFE	Human Factors and Ergonomics	人因和人机工程学
HITLS	Human-In-The-Loop Simulation	人在回路仿真

HSI	Human Systems Integration	人 – 系统集成
HTTP	HyperText Transfer Protocol	超文本传输协议
IHU	Institut Hospitalo Universitaire（University Hospital Institute）	大学医院研究所
KBS	Knowledge-Based System	基于知识系统
M2020	Mars 2020 rover	火星 2020 漫游车，现在称为 Perseverance
MAS	Multi Agent System	多智能体系统
MBSE	Model Based Systems Engineering	基于模型的系统工程
NAIR	Natural/Artificial vs. Intentional/Reactive	自然 / 人工与认知 / 物理
ND	Navigation Display	导航显示
PCR	Polymerase Chain Reaction	聚合酶链式反应
SE	Systems Engineering	系统工程
SE4AI	Systems Engineering for Artificial Intelligence	人工智能系统工程
SEIR	Susceptible → Exposed → Infected → Recovered (model)	易感→暴露→感染→痊愈（流行病传染模型）
SFAC	Structure/Function vs. Abstract/Concrete	结构 / 功能与抽象 / 具体
SIM	Systemic Interaction Model	系统交互模型
SimBSE	Simulation Based Systems Engineering	基于仿真的系统工程
SoS	System of Systems	系统之系统
TOP	Technology, Organization and People (model)	技术、组织和人员（模型）
UML	Unified Modeling Language	统一建模语言

目　录　Contents

Chapter1 第 1 章

简　介

摘要：在 2013 年出版的 *Orchestrating Human-Centered Design* 一书中，笔者主张考虑复杂性科学以及解决实际问题的技术来简化一般流程失效的异常情况。本书以人–系统集成（Human System Integration，HSI）的当前发展为基础，扩展基于认知工程的概念和方法。此外，根据经验，“基于经验的常识”（也可称之为受过教育的常识）必须起到主要作用，且要与现实世界的数据适当结合。这种方法也称为溯因法 [皮尔斯（Peirce）收录于 *Charles Sanders Peirce* 文集（1931 ~ 1958）]：一种逻辑推理机制，即预测和选择未来可能的某种情况，并通过现有方法或者开发新方法来证明其可实现性。

1.1　处理突发事件

尽管早在新冠肺炎疫情大流行之前，笔者就开始研究本书中提到的想法、概念和方法，但这种大流行病的严峻性使其成为重要的关注点，事实上，这场大流行病已经对大多数传统的危机管理方式构成了挑战[㊀]。

新冠肺炎疫情再次提醒人们，“黑天鹅”事件（Taleb，2007）有助于我们更好地理解突发的不可预见、特殊和极端情况。我们应该如何处理好这类情况呢？在本书中，笔者不是为了提供短期应对流程，而是提供可以帮助理解人、技术、环境、社会和经济长期协同进化的模型和工具[㊁]。大多数情况下，我们会将技术和经济作为主要考虑的优化变量，而忽略人、环境和社会（例如，人们的幸福、安全和舒适度；环境的多样性和生物稳定性；社会内部的和谐与信任）。而事实却恰恰相反，今天大多数国家通过技术和经济来优化和改善公民的生活，而将人、环境和社会作为模型的调节变量[㊂]或约束条件。

新冠肺炎疫情揭示了当流程僵化且无法轻易改变时一个国家的脆弱性。我们不应将个人健康只作为优化和改善公民生活的调节变量。在这种危机情况下，当人们的健康突然变成一个需要优化的因变量时，人们很难理解这种情况的剧烈变化，也很难在危机发生时纠正过来。与医学相比，应对突发事件（Pinet，2015）已成为商业航空等超安全系统需要更好理解和管理的内容（Amalberti 等，2005）。因此，传统考虑经济效应的工程方法无法成功应对这种情况。需要打破传统的靠压制来维持的僵化秩序，并依靠人们的信任、协作和激励来共同解决突发事件。简而言之，我们需要技术、组织和人员方面的柔性与弹性。这种社会－技术系统的柔性不是偶然发生

㊀ 也就是说，感知那些感官可以感觉到的东西，寻找我们不理解的东西，理解通过逐渐合理化可以最终理解的东西，将我们投射到未来可能的环境中，以基于经验的模型为基础，对它们进行建模、仿真，并寻找解决途径，最终实现它们。

㊁ 溯因推理是一种逻辑推理，它试图从基于经验启发式的观察中找到最简单和最可能的结论。在认知心理学中，溯因是一种直觉推理形式，包括避开不可能的解决方案。这个概念与系统搜索的逻辑相反。

㊂ 调节变量是经济主体用来减少其可支配手段与其已做出的承诺之间的暂时失衡的资源。

的，需要我们提前准备、建造和维护。

新冠肺炎疫情教会了我们采用谦逊的态度和实际行动来应对一场在全球范围内影响多个国家的流行病。哇，这些事情会发生！大自然告诫我们"无法通过经济和技术掌握一切"。它们过于僵化，无法适应突然出现的非线性问题。大自然是一个开放的、非线性的、自组织的系统，而我们的经济和技术是简化的、准封闭和僵化的过程。我们还没有意识到复杂性不能简化为数学公式——即使是非线性公式，因为它们不能包含空间和时间中所有可能的相关参数。我们还无法弄清突发事件的行为属性和功能。可见，我们在复杂系统理论方面还有很多工作要做。

因此，新冠肺炎疫情突出了在学校讲授复杂系统课程的迫切需要，而不是完全专注于线性代数。复杂系统是指像器官一样相互依赖的系统。我们迫切需要能够兼容自然实体和抽象概念的方法来描述复杂系统。就像用管弦乐队来比拟生活，我们需要发明一种乐理（Boy，2013），合理分配音乐家、指挥家、作曲家、乐谱、观众等。我们需要观察现实世界，并发现其规律性和不一致性，以更好地开发知识模型—这种模型通过模拟仿真能够重现和反映我们所观察到的内容。这是一项困难重重和劳动密集型的工作，但如果我们想生活在这个自然和人工制品联系越来越紧密的复杂世界中，这个工作就是必需的。本书中使用的术语"人工制品"是指任何由人设计和制造的实体（即人工系统）。人工制品可以是物理的或认知的（即概念的）。一些人工制品可能对自然和人类非常有益，另外的也可能会威胁我们的地球和物种。

新冠肺炎疫情教会了我们责任担当。我们应该设计和开发什么样的技术来确保更高的安全性、效率和舒适性？未来能否预防或更好地管理与新冠肺炎疫情类似的大流行？我们应当如何更多地了解前因后果以更好地管理它们？为什么这个大流行问题成了 21 世纪一个严重的问题（Fauci，2001）？对人类而言，什么是正确的调整变量？谁来负责任？我们应该如何正确应对这些问题？长远来看，我们如何用基于人文主义和生态主义的长期社会 – 技术方法来取代激烈竞争的短期技术发展？基于大脑皮层赋予的创造和探索能力，我们在创新方面应该走多远？为了人类和地球的利益，我们应该开发什么样的人工制品？

1.2 人 – 系统集成的柔性

虽然是偶然，但是与新冠肺炎疫情相关的问题和本书主题高度重合，这让我有机会以更具体的方式介绍“人 – 系统集成”这一新学科。从某种意义上说，突发事件的管理（Boy，2013）打开了溯因角度下一个极具挑战的领域（Boy 和 Brachet，2010）。因此，我们将从最广泛的意义上来讨论人 – 系统集成。人 – 系统集成是多学科交叉的领域，包括心理学、社会科学、生物学、数学、计算机科学和工程科学。通过选择并修改来自各学科的现有模型，可以形成更综合的理论，而由此产生的基本框架将用于提出解决方案，以提高社会 – 技术系统（例如医疗系统、移动系统、教育系统、警察系统、国防系统和其他系统）的柔性。

关于自动化技术实现及其缺点方面已经有很多研究工作（Bainbridge，1987；Sarter 等，1997），本书主要介绍从刚性自动化到柔性自主化的强制转变，即需要一种新的 HSI 方法。这一转变的合理性源于对事故的分析和对突发事件的管理。实际上，很难写出一本书来以线性的方式表达高度非线性的内容。图 1.1 提供了柔性设计的概念、框架、模型和方法，以及它们之间的联系。此外，本书叙述的内容都将通过笔者在研究工作中的实例进行说明。

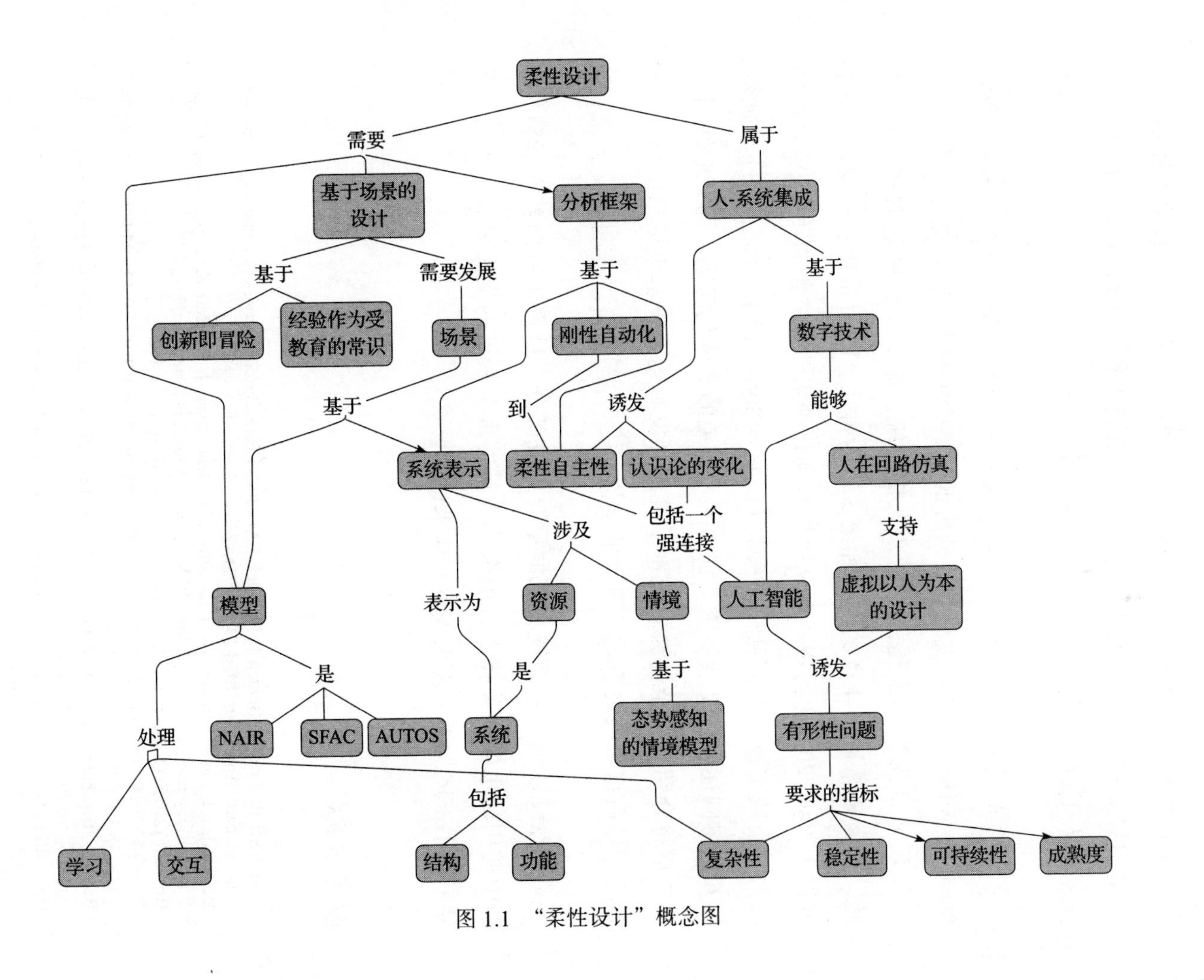

柔性设计
需要
属于
基于场景的设计
分析框架
人-系统集成
基于
需要发展
基于
基于
创新即冒险
经验作为受教育的常识
场景
刚性自动化
数字技术
基于
到
诱发
能够
系统表示
柔性自主性
认识论的变化
人在回路仿真
涉及
包括一个强连接
支持
模型
表示为
资源
情境
人工智能
虚拟以人为本的设计
是
是
基于
诱发
处理
NAIR
SFAC
AUTOS
系统
态势感知的情境模型
有形性问题
包括
要求的指标
学习
交互
结构
功能
复杂性
稳定性
可持续性
成熟度

图 1.1 “柔性设计”概念图

柔性的概念在整个系统生命周期中（即从早期设计到报废）都很重要。本书内容是跨学科的，包括工程设计、系统工程、人因与人机工程、人机交互、人工智能、经济学、生态学和哲学。

第 2 章将提供指导虚拟以人为本的设计（Virtual Human-Centered Design，VHCD）的方法和柔性分析框架。HSI 的主要作用之一是分析、设计和评估自主性越来越强的复杂人机系统。第 3 章将阐述 HSI 的具体内涵，这需要掌握第 4 章的模型和第 5 章的方法。通过采用有形交互系统的方法（Boy，2016）可以实现从刚性自动化到柔性自主化的转变，其强大推动力来自数字技术向信息物理系统（Cyber-Physical System，CPS）的演变。第 6 章将阐述现代复杂系统工程中不可避免的实体化问题，即有形性问题。第 7 章将介绍在复杂社会－技术系统的开发和运营中基于场景的风险管理方法。最后将总结关于柔性设计的挑战。

柔性设计是人－系统集成的重要组成部分，被视为一门新兴学科。本书中使用的术语涉及技术、组织和人员等多个领域的交叉融合。因此，请参考本书末尾的术语表来查看对应术语的含义。

参考文献

Amalberti R, Aroy Y, Barach P, Berwick DM (2005) Five system barriers to achieving ultra-safe health care. Ann Intern Med 142(9):756–764

Bainbridge L (1987) Ironies of automation. In: Rasmussen J, Duncan K, Leplat J (eds) New technology and human error. John Wiley & Sons Ltd., Chicester, pp 271–283

Boy GA (2013) Orchestrating human-centered design. Springer, UK

Boy GA (2016) Tangible interactive systems: grasping the real world with computers. Springer, UK. ISBN: 978-3-319-30270-6

Boy GA, Brachet G (2010) Risk taking: a human necessity that needs to be managed. Dossier. Air and Space Academy, France

Fauci AS (2001). Infectious diseases: considerations for the 21st century. Clin Infect Dis 32(5):675–685. https://doi.org/10.1086/319235

Peirce CS (1931–1958) Collected papers of Charles Sanders Peirce. In: Hartshorne C, Weiss P, Burks A (eds) Harvard University Press, Cambridge, MA
Pinet J (2015) Facing the unexpected in flight: human limitations and interaction with technology in the cockpit. CRC Press. ISBN-13: 978-1498718714
Sarter NB, Woods DD, Billings CE (1997) Automation surprises. John Wiley and Sons, Handbook of human factors and ergonomics
Taleb NN (2007) The black swan: the impact of the highly improbable. Random House, New York. ISBN: 978-1-4000-6351-2. Expanded 2nd edn in 2010, ISBN: 978-0812973815

Chapter2 第 2 章

社会 – 技术系统的柔性分析框架

摘要：人类已经进入数字化社会，它在为我们提供更多自由的同时，也使我们受制于一个尚未清楚其所有缺点的新社会技术。数字技术的本质特征是支持其本身及其集成技术的社会技术成熟度。本章强调社会技术成熟度，并促进从刚性自动化到柔性自主化的转变，推动我们把系统看作结构、功能、情境和资源等概念的表征。这种表征被嵌入“情境 – 资源正交”的框架中，其中资源需要被明确地形式化为客体或主体，而处理各种情况的情境被嵌入具有态势感知的情境模型中。

2.1 从刚性自动化到柔性自主化

自 20 世纪 80 年代自动化程度不断提高以来，我们的日常生活变得越来越僵化。例如，菜单式电话答录机为我们提供了一系列的选项，将我们带到特定的服务。这种类型的系统是由工程师按照固定的计算机算法设计和开发的。不幸的是，它未能考虑到操作中可能随时出现的各种使用情境，导致我们只能面对一个不允许任何变化的封闭且僵化的系统。但是大多数时候，当我们打电话呼叫服务时，系统可以回答我们的问题，有的时候也会有延迟，甚至是毫无根据的答复。这种僵化的自动系统必须被更柔性的系统（即情境适应）所取代。如果没有以人为本的方法（即考虑最有意义的用法），我们就无法实现这一点。

我们已经进入了数字化社会，它在为我们提供更多自由的同时，也使我们受制于一个尚未清楚其所有缺点的新社会技术。数字技术的本质特征是支持其本身及其集成技术的社会技术成熟度。什么是社会技术成熟度？当非专家使用不成熟技术时，他会感觉到系统很僵化，原因很简单，因为它还没有得到足够的经验反馈：1）技术反馈，即我们需要讨论的技术成熟度（类型 1）；2）用户反馈，即我们将要讨论的实践成熟度（类型 2）；3）社会和文化反馈，即社会成熟度（类型 3）。如果我们想在社会–技术系统中实现更大的自主性，换句话说，如果我们想在日常实践中拥有更多的柔性和灵活性，就必须考虑这三种成熟度。

如何获得更多的自主性？这个问题的答案在于我们对“自主性”的定义。自主性与成熟度密切相关。如果谈论一个人的自主性，我们也在谈论他在特定生活环境中的成熟度。有些国家立法规定公民年满 18 岁即为成年，并认为从 18 岁起（即从他们在法律上不再依赖父母时起）就拥有自主性。实际上，他们可能依赖父母更久。要想变得独立，一个人需要大量的学习和实践。没有教育和训练，一个人很难独立。对于一般系统而言，无论是技术上还是组织上，也是如此。

然而，我们还是没有回答自主性的问题，因为我们还没有从多智能体的角度解答这个问题。事实上，需要做必不可少的假设：我们不能只谈论自主性而不谈论它的运行环境。换句话说，一个所谓“自主的”系统，必须在由其他系统组成的遵循一些协调规则的特定环境中运行。这个环境，也就是我们将要讨论的系统之系统（System of Systems，SoS）。此外，SoS的系统自主性越强，就需要越多的协调规则来保证其安全、高效和舒适地运行。

如果考虑管理复杂系统的操作经验，那么我们可以确定三个主要过程（如图2.1所示）：两个刚性过程，包括程序执行和自动化监督；以及一个柔性的问题解决过程。

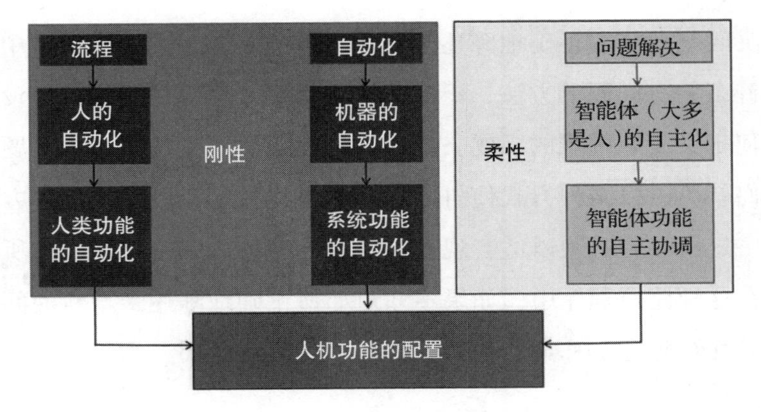

图2.1　程序、自动化和问题解决过程（Boy，2020）

程序执行包括“自动化”用户或人工操作员（即他们别无选择，只能在明确定义的情境中遵循操作程序）。自动化机器的监控和管理包括遵循计算机程序的监督机器（即人工操作员必须确保他们负责的机器运行在可接受的安全和效率范围内）。当前两个过程失效时，则使用问题解决过程，该过程通常由具备正确陈述和问题解决能力且技能丰富的人工操作员执行——称为自主化，而不是人机自动化。自主化需要一种多功能方法（即多智能体），涉及内在（即智能体很少使用但必须学习或者经历的特定资源）

和外在（即与其他具有所需技能的智能体合作）多种类型的技能。管理复杂系统的这三个主要过程可以总结为：我们需要更好地理解和实施不同智能体或系统的功能分配方法，以便在正常情况、非正常情况和紧急情况下，更加柔性和灵活地控制和管理社会 – 技术系统。

程序执行和机器自动化监控是固定过程，它们只在明确定义的情境中有意义，但在这些情境之外就失去了意义。这就是问题解决过程的意义所在。接下来的问题就是识别、开发和掌握支持该问题解决过程的系统，这就需要柔性设计。

解决问题意味着正确地陈述问题。有趣的是，在学校或大学中，我们学习了许多解决问题的方法，但这些方法都是预先陈述好的，而没有特意学习如何定义复杂困难的问题。当很好地学习了所有这些解决问题的方法后，我们就可以以某种方式使自己自动化或机械化，以遵循这些方法的操作程序。这意味着必须以适合现有方法或程序的方式来陈述当前所面临的情景。在这种监控程序中，如果不知道如何正确地陈述未预料的问题，那么我们很可能会陷入困境。

成为一个好的问题解决方案意味着什么？提出的问题首先要具有创造性（即提出假设并尝试验证它们）。当遇到的情况出乎意料、无法预见或未知时，我们最先需要解决的是如何陈述问题。在这种情况下，我们必须要有创造力，而创造力需要柔性。我们可以使用哪些概念和技术工具来确保创建解决方案的过程具有足够的柔性呢？例如，当一个画家在画画时，他必须创造一种调色板上没有的新颜色，如果需要橙色，那他就会去混合，通过调和红色和黄色的比例，直到找到满足要求的橙色。创造就是整合，这种整合基于测试和反馈，直到满足性能要求。

当我们尝试创建新系统时，必须问自己，构建它的目的是什么，以及计划如何使其运行。我们可以做的是描述该系统当前的完成情况，监测操作失误，进而推断出相关人类的要求是什么。例如，我们可以询问他们，如果提出的系统得以实施，从生产力、美学和安全的角度来看，会发生什么？我们可以进一步问自己，“为什么不这样做呢？”这些是原始的或者有挑战性的建议，是培养批判性思维的重要来源。我们还可以询问该领域的专家，“您预见了哪些特殊情况？”在考虑到所有情况时，才推荐采用程序化方法监测其工作环境。

2.2 系统的一致表示

我们之前使用了术语“系统”而没有定义它的具体概念。这里将给出具体定义，系统为自然的或人工的、人类的或机器的、个人的或组织的等任意实体的表示。在组件和属性方面，一个系统可以描述为（如图2.2所示）：

- 接受输入——称为（规定）任务，并产生输出——称为（有效）活动；
- 可以是物理的和/或认知的；
- 在系统之系统的环境中运行；
- 组件本身可以是系统；
- 由结构（可以是结构的结构）和功能（可以是功能的功能）组成。

我们习惯性将系统的概念与机器的概念混淆。事实上，系统可以代表自然和/或人工的实体，例如，医生讨论的人类心血管系统或神经系统，律师讨论的国家法律制度。但是，很难将系统的概念扩展到人类本身。然而，在本书中，我们将人类视为由其他系统组成的系统，这些系统可以是自然的（例如人体器官、四肢和语言）或人造的（例如起搏器和假肢）。相应地，机器系统可以包括人类系统（例如飞机包括飞行员和乘客）。

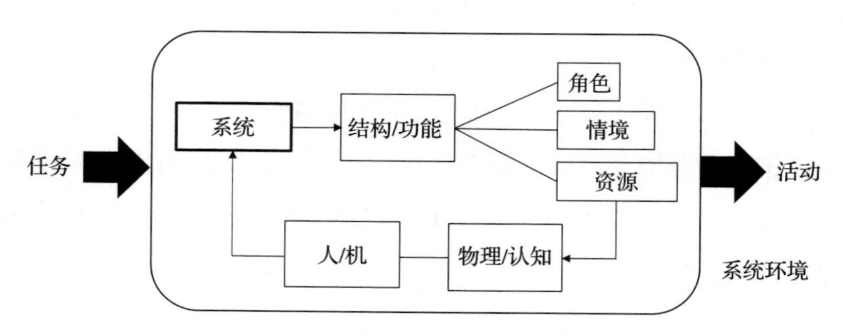

图 2.2　特定环境中的系统定义

任何功能或者结构都由其角色、有效的情境和一组资源定义。功能或结构的资源就是系统。因此，系统可以递归定义，如图 2.2 所示：

系统→结构 / 功能→资源 = 系统

从谢夫林（Shiffrin）和施耐德（Schneider）在认知功能方面的开创性工作（Schneider 和 Shiffrin，1977；Shiffrin 和 Schneider，1977）的意义上讲，系统的功能可以是自动的或受控的。我们可以理解为自动功能依赖于预编程的程序资源，受控功能依赖于问题解决的算法资源，而后者又可能依赖于其他内部或外部资源。

当一个系统有必要和足够的资源支撑时，可以很好地执行规定情境下的任何任务，这时，我们可以说系统是自主的；如果不是这种情况，则需要使用其他系统来确保正确地执行初始任务，此时，系统就不是自主的。但是，当集成了相应的解决问题的能力时，它就会变得自主，并且不需要请求外部帮助。

从这个定义中可以清楚地知道，即使是可能的，也很难构建出完全自主的机器系统，因为不可能实现足够的资源集，以确保在所有情况下都能产生正确的系统活动。例如，所谓的“自主”车辆被认为是受控系统而不是自主系统，因为它们只适合运行在封闭、线性和完全有组织（与开放、非线性和自组织相反）的环境（Taleb，2007；Klochko，2007）。

系统由结构和功能组成（如图2.2所示）。在之前的著作中，已经通过角色、有效情境和相关资源来定义了系统的功能部分（Boy，2013和2020）。本书也以相同的方式定义系统的结构部分。事实上，任何结构或基础设施都有其角色作用（例如，房屋的结构具有将其内部与外部永久分隔的作用）、有效情境（例如，房子的结构是按照一定年限的生命周期来定义的）和相关资源（例如，房屋的结构由墙壁、地板、门和窗户组成）。同样，人脑的认知结构也包括用于语音的区域/资源和用于视觉的区域/资源等。

在这个层面上，构成了系统的两个基本概念：资源和情境。这两个概念是正交的，笔者将这种关联命名为情境－资源正交（如图2.3所示）。它作为系统关联了各种资源，并考虑了各种情景下的情境。

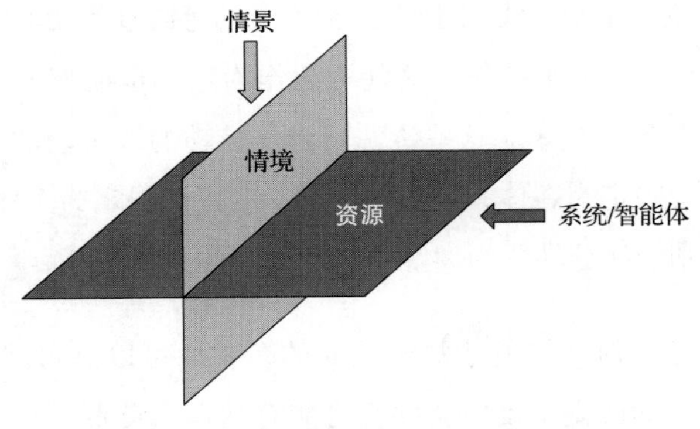

图2.3　情境－资源正交框架

事实上，当一个系统被设计（例如在工程意义上）或被观察（例如在生物学意义上）时，必须对其进行描述才能讨论。通常以场景（例如故事、文本）的形式进行描述，既可以是程序性的（例如事件的年表、脚本），也可以是叙述性的（例如智能体、演员、对象、地点）。无论什么情况下，这些场景都需要有两个基本要素：

- 描述一般情况的情境；
- 确保在各种相关情境下进行交互的资源。

情境的超空间与资源的超空间是相交的。因此，我们需要明确（即形式化）这些情境和资源，及其相互关联。这就是小说或戏剧作家所做的工作。我们可以将这种方法扩展到系统设计中，正如劳雷尔（Brenda Laurel）描述计算机的使用一样，将人机交互视为一种游戏（Laurel，2013）。

2.3 资源运作

如果没有系统之系统的方法（Popper 等，2004）或多智能体的方法（Wooldridge，2009），就无法正确地思考资源的概念。实际上，系统工程意义上的系统或人工智能意义上的智能体，只能通过使用其内部或外部资源（即系统或智能体）来工作。这些资源作为系统也能够通过其自身的内部或外部资源等运行起来。这些资源可以是被动的或主动的。我们将第一种情况下的资源限定为客体，第二种情况下的资源限定为主体。由此，“被动－主动”的功能区分转化为“客体－主体”的系统区分。

客体可以是任何认知的或物理的实体，它们可以是自然的或人造的。主体可以采取行动或做出反应，并且可能对其行为负责。一个主体可以而且通常必须具有态势感知和采取行动的权利。权利问题引发了责任问题，例如，作为邮局主体负责投递信件的邮递员——我们说的是邮政智能体，使用特定的资源对象——一个可以携带信件的袋子。这个袋子，作为客体，不承担任何先验责任，除非它有缺陷。此时，我们需要找出是谁制造的等，然后根据追溯和问责来处理。因此，很明显主体资源可能需要内部或外部的主体资源和/或客体资源，这些资源本身可能也具有自己的主体资源和/或客体资源。例如，在罢工的情况下，负责的邮递员（即负责分发信件）可能依赖于临时工（即客体资源），则必须对其进行培训和监督。

主体资源是产生活动以响应任务执行的实体，它必须能够获取信息（例如传感器、信息解释），拥有足够的推理能力（例如程序、规则、决策制定），能够执行操作（例如计划、执行器）。拉斯穆森（Rasmussen）模型为处在潜意识或刺激反应技能、潜意识规则和有意识控制的知识等不同水平的情境意识、决策和行动三个认知过程的表达提供了很好的框架。有趣的是，如延斯·拉斯穆森（Jens Rasmussen）（1983）所描述的，在众所周知的有限情境中，诸如运输机上的飞行管理系统（Flight Management System，FMS）之类的主体机器资源具有基于规则的行为。

唐纳德·诺曼提供了支持情感/认知设计的拉斯穆森模型的替代方案（Norman，2002 和 2003）。该模型用于说明当代设计中的有形因素：本能的、行为的和反思的。图 2.4 显示了拉斯穆森和诺曼（Norman）模型的匹配方式。

在设计中，本能层面与事物的外观、感觉和声音有关，与物质的有形性直接相关；行为层面与系统的工作方式有关，它是关于使用的乐趣和效率；反思层面与信息、物理环境、文化环境，以及使用系统所涉及的意义有关。根据诺曼的说法，本能层面提供直接的潜意识反应并引发最初的反应（例如，“我想要它！它看起来也不错”），行为层面提供有意识的反应并产生日常活动（例如，“我可以控制它！它让我觉得自己很聪明”），反思层面提供解释（例如，“它使我完整！我可以讲述关于它和我自己的故事”）。

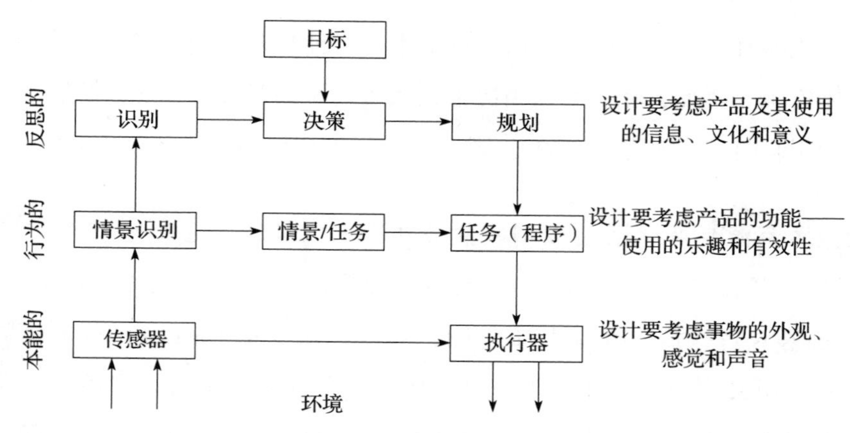

图 2.4　当代设计中的有形因素：结合拉斯穆森和诺曼的解释

诺曼模型的设计含义是什么？例如，在本能层面，人们正在无意识地寻找外观和感觉方式，因此，外形很重要，它是有形的。设计师需要根据这些来提供简单的想法、线索和方向。在行为层面，人们根据规则引导做出有意识的反应来了解情况，这既是有形的，也是形象化的。设计师需要考虑这些来组织日常认知工作。在反思层面，人们有意识地寻找意义和文化。因此，适当的解释和可视化很重要，这是具象的有形性。在这一点上，让事情变得明确是至关重要的。设计师必须考虑实时提供人性化的支持。

资源可以是被动的、主动的和 / 或社会的。例如，恒温器是一种保持室内恒温的被动资源。GPS 是一种主动导航资源，可根据要实现的目标为驾驶员提供地理方向，比如像 Waze 这样的导航系统，它通过来自其他驾驶员的道路状况信息，实时提供社会资源。在所有这些情况下，都有一个通过主动实现从被动到社会的转变过程，其中社会资源包括主动资源，主动资源又包括被动资源。很明显，被动资源通常作为单智能体系统来发展和使用，而社会资源只能作为多智能体系统来构建和投入使用。中间层的主动资源是认知系统，通常是多智能体系统。

2.4 面向态势感知的情境模型

人–系统集成已经引出了情境–资源正交框架（如图 2.3 所示）。现在可以更好地定义情境的概念，它与情景密切相关。如果我们参考哲学家约艾勒·扎斯克（Joëlle Zask）对约翰·杜威（John Dewey）的“情境”和“情景”之间区别的分析（Backe，1999），那么“情景是结果，情境是先决条件”（Zask，2008）。情景的概念与执行动作的环境概念息息相关。在这里，我们将情境的概念与持久性的概念联系起来（Boy，1998）。事实上，当一种情景在某个空间和时间持续时，我们认为其处于某个情境中。例如，橄榄球比赛的解说员可能会谈论比赛的情境，通常指两支球队的特点。比赛开始以后发生的事情，如某些球员的状态等，接下来的一切都将根据这个先决条件来解释。情景的概念发生在行动层面，例如我们将讨论失败的情况（即不幸的结果）。

可以从不同的角度考虑情境的概念，本书侧重于系统工程，更具体地说，侧重于人–系统集成。此时，情境被认为是由三种因素定义：结构、功能和动态。在设计和开发系统时，必须明确定义该系统有效的情境。首先，这种有效的情境是由结构部件组成，例如当为飞机设计机载系统时，可以考虑几个结构部件，如飞行质量处理、导航、防撞和天气条件。出于简化的目的，可能一些结构部件不再考虑，例如如果不考虑天气条件，则不考虑天气条件的情境。其次，有效的情境也由功能部分组成，新车载系统的功能必然取决于所定义的结构部件。例如，交通警报防撞系统（Traffic-alert Collision Avoidance System，TCAS）依赖于应在适当时间激活的技术能力和人体功能。最后，有效的情境也由动态部分构成，例如，如果飞行员以错误的顺序执行任务或错过了一个动作，那么动态情境将不是所期望的那样。总而言之，定义情境应考虑结构、功能和动态三个方面。

将结构 / 功能 / 动态情境框架与工程 / 运营和技术 / 组织 / 人员（参见图 3.3 中的 TOP 模型）情境框架结合，构成如图 2.5 所示的情境分析全局框架。

在实践中，我们经常交替使用术语“情境”和“情景”，在必要时区分它们是有必要的。首要的区别是情境可以看作是一种情景模式（即根据特定条件的一组持久的结构化状态），例如飞机飞行的各个阶段被明确定义为情境。所有飞行员都知道这些情境（例如飞行阶段）在空间和时间上是如何构成的，以及它们之间是如何关联的。所有这些情境都建立了一个可以描述多种情景的环境，例如，在“滑行起飞”阶段，就存在“松开刹车”“超过不能停止的 V1 决定速度”“VR 起飞速度”等情景界定了（子）情境。

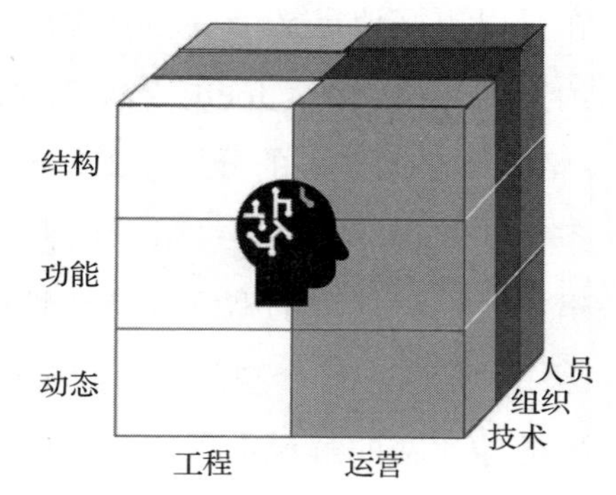

图 2.5 HSI 情境框架

当我们谈到情境－敏感系统时，意味着它具有米卡 · 安德斯雷（Mica Endsley）（1995）意义上的态势感知（Situation Awareness，SA）机制，构成高级认知功能序列：感知、理解和预测。这种感知、理解和预测外部情景的认知机制，实际上只是问题的一部分。图 2.6 通过考虑几种类型的情景或情景模式显示了这些机制的扩展方式。

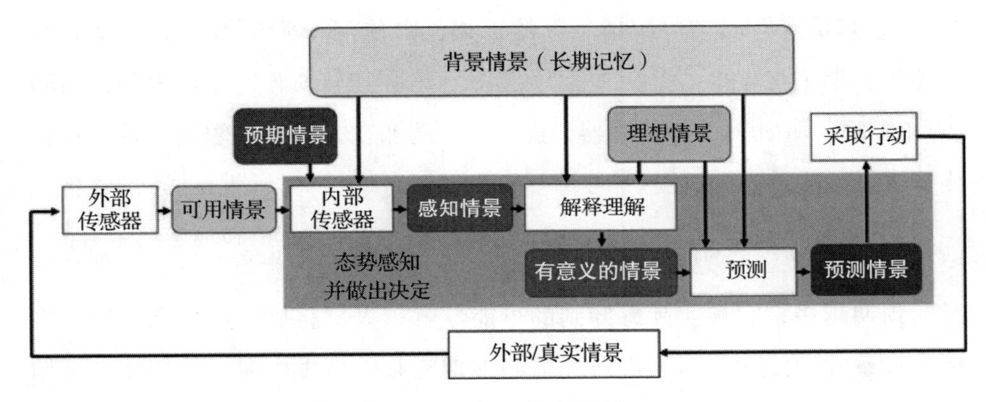

图 2.6　态势感知的情境模型

区分内部和外部情景是有用的：内部情景涉及智能体或系统内部的状态或因素（例如个人的工作量、意识、决策等）；外部情景涉及智能体或系统外部的状态或因素（例如大气条件、另一个智能体或系统发送的信息等）。

情景的概念有几个相互关联的方面（如图 2.6 所示）："真实情景""可用情景""感知情景""预期情景""有意义的情景""理想情景""背景情景"和"预测情景"。

"真实情景"的特点是无数个紧密相连的状态，其中一些状态是我们无法访问的，要么是因为没有机制可以访问它们，要么是因为我们根本不知道它们是否存在（例如，许多描述市场演变的状态不能直接提供给交易者）。

"可用情景"的特点是一组观察者可以通过外部传感器访问的状态（例如，物理测量的变量、人类提供的关键绩效指标、交易者可以访问的市场发展状态）。请注意，这是"真实情景"的子集。

“感知情景”是“可用情景”的子集，由预期（即“预期情景”）和智能体的长期记忆（即“背景情景”）指导、增强和转换，它是从内部传感器（例如眼睛、听觉、手势传感器）获得的，例如在人机交互领域开发的可视化技术可以改善感知情况。

“预期情景”作为对事件驱动行为（即我们的预期）的支持，对某种情况的预期越多，它被实际感知到的可能性就越大；相反，任何意外情况将更难被察觉。然而，当人们满怀信心地期望某件事发生时，他们将“感知情景”与“预期情景”混淆。事实上，监测和控制活动之间存在巨大差异。参与监测活动的人员通常以目标为指导，他们的态势感知过程以必须执行的任务（即他们在所处环境中的角色）为导向。事与愿违的是，监控流程的人必须使用，甚至构建实时人工监控流程，而这种流程可能很困难、很无聊，有时甚至无关紧要。在这种情况下，态势感知过程很可能执行得不正确。

“有意义的情景”是对“期望情景”（即我们想要做什么）和“背景情景”（即由经验和习惯驱动）影响的“感知情景”的解释。当我们处于解释过程中，该过程会导致一个模型、一个场景或一幅多义的情景图。此外，“有意义的情景”是动态的（即人类操作者逐渐构建自己的心理模型或情境的心理图像），由此产生的心理形象取决于人、文化背景、正在进行的活动和其他研究领域的特定因素。

“理想情景”表示以目标为导向的行为（例如，我们想从当前情况发生的事情中得到什么），了解正在发生的事情对于做正确的事情是有用和必要的，并且必须建立特定的一组条件。

“预测情景”可视为基于“有意义的情境”，并辅以“背景情景”（例如即时经验和长期习惯）推理过程的结果。

“背景情景”是基于专业知识在长期记忆中适当提醒的结果。

另外，还必须考虑实际情况会受所执行动作的影响并返回到外部传感器中。这个情景循环是活跃的，不能静态考虑，而应动态考虑，这就是SA的情境模型。

2.5 本章小结

本章提供了柔性分析框架，其中从刚性自动化到柔性自主化的转变需要一致的系统表征。换句话说，系统的概念是由结构和功能组成的。此外，在适当的情境中，系统可以成为其他系统的资源。还提出了两个概念框架：情境资源正交性和态势感知的情境模型。柔性设计也属于HSI的新兴学科，将在下一章进一步描述。

参考文献

Backe A (1999) Dewey and the reflex arc: the limits of James's influence. Trans Charles S Peirce Soc 35(2):312–326

Boy GA (2020) Human systems integration: from virtual to tangible. CRC, Taylor and Francis, Boca Raton, FL, USA

Boy GA (2015) On the complexity of situation awareness. In: Proceedings 19th triennial congress of the IEA, Melbourne, Australia, pp 9–14

Boy GA (2013) Orchestrating human-centered design. Springer, U.K.

Boy GA (1998) Cognitive function analysis. Praeger/Ablex, USA. ISBN 9781567503777

Endsley MR, Garland DJ (eds) (2000) Situation awareness analysis and measurement. Lawrence Erlbaum Associates, Mahwah, NJ

Endsley MR (1995) Toward a theory of situation awareness in dynamic systems. Human Fact J Human Fact Ergon Soc 37(1):32–64

Klochko VE (2007) The logic of the development of psychological knowledge and the problem of the method of science. Methodol Hist Psychol 2(1):5–19

Laurel B (2013) Computers as theatre. Addison-Wesley Professional. ISBN-13:978-0321918628

Norman DA (2002) Emotion and design: attractive things work better. Interact Mag 4:36–42

Norman DA (2003) Emotional design: why we love (or hate) everyday things. Basic Books. ISBN-13: 978-0465051359

Popper S, Bankes S, Callaway R, DeLaurentis D (2004) System-of-systems symposium: report on a summer conversation. Potomac Institute for Policy Studies, Arlington, VA

Rasmussen J (1983) Skills, rules, knowledge; signals, signs and symbols, and other distinctions in human performance models. IEEE Trans Syst Man Cybern 13:257–266

Schneider W, Shiffrin RM (1977) Controlled and automatic human information processing: I. Detection, search, and attention. Psychol Rev 84(1):1–66. https://doi.org/10.1037/0033-295X.84.1.1

Shiffrin RM, Schneider W (1977) Controlled and automatic human information processing: II. perceptual learning, automatic attending and a general theory. Psychol Rev 84(2):127–190. https://doi.org/10.1037/0033-295x.84.2.127

Taleb NN (2007) The black swan: the impact of the highly improbable. Random House, New York. ISBN 978-1-4000-6351-2

Wooldridge M (2009) An introduction to multi-agent systems. Wiley. ISBN: 978-0470519462

Zask J (2008) Situation ou contexte? Une lecture de Dewey. Revue Internationale de Philosophie, No 245, pp. 313–328. https://www.cairn.info/revue-internationale-de-philosophie.htm

Chapter3 第 3 章

相关方法论与模型

摘要：柔性设计需要在基础方法和模型上构建。其中，SFAC（Structure/Function vs. Abstract/Concrete，结构 / 功能与抽象 / 具体）模型提供系统结构和功能与抽象概念和具体实物的联系。如果不能很好地掌握表征社会 - 技术系统的认知和物理功能的区别及其互补性的方法，就无法对其进行研究、建模、设计和开发。NAIR（Natural/Artificial vs. Intentional/Reactive，自然 / 人工与认知 / 物理）模型将这种区别合理化，以支持以人为本的设计（人本设计）。AUTOS（Artifact，User，Task，Organization and Situation，人工制品、用户、任务、组织和情景）金字塔则是 TOP（Technology，Organization and People，技术、组织和人员）模型的扩展。SFAC、NAIR 和 AUTOS 模型和框架使设计团队能够针对增强型 HSI 合理地陈述设计问题。

3.1 复杂的社会 - 技术系统

在本书中，我们将系统的概念视为自然（例如人类、动物、植物）或人工（例如人造物体、机器）实体的通用表示或模型。我们致力于集成人类和机器的通用系统，可以将其称为复杂社会－技术系统、人机系统、复杂系统或社会－技术系统。

一般来说，复杂系统具有以下特性：

- 大量组件，以及这些组件之间的互联；
- 多人参与其生命周期，包括设计、开发、制造、运营、维护和报废；
- 未包含在组件中的新兴全局属性和行为；
- 复杂的适应机制和行为；
- 非线性和可能的混沌，表征其不可预测性。

飞机、工业发电厂和大型防御系统都是复杂系统的例子，它们的设计、制造、使用、维修和报废一般涉及许多人力和物力资源。

相比之下，简单系统可以由以下属性定义：

- 少量组件和互联；
- 与组件直接相关的行为；
- 简单的适应机制和行为；
- 对输入的线性或略微接近线性模型的响应。

例如，简单系统是咖啡杯、自行车或桌子，它的制造不需要很多人的干预，除非是大批量生产。

从设计的角度来看，复杂性必须从结构的角度（即结构的结构）和功能的角度（即功能的功能）来处理。例如，飞机的生命周期涉及复杂的过程，涉及大量在结构和功能上相互连接的复杂系统。因此，设计和制造复杂系统（例如飞机）需要涉及多个行业，没有即兴发挥的余地。无论是设计人员、制造商、维护人员，还是生产线末端的操作员，都需要熟悉系统的复杂性，以及他们所处的环境。这就是社会–技术系统复杂性分析的全部内容。

最后，人本设计（Human-Centered Design，HCD）的复杂系统必然是跨学科的。因为没有一个人可以自行完成这些系统的设计，但训练有素的团队可以。因此，协作是人本设计的重要组成部分（Poltrock 和 Grudin，2003）。本书中介绍的理论模型是根据笔者在航空航天复杂系统的多年工作经验构建起来的。

系统的复杂性可以通过多种方式进行分析，具体取决于处理的是静态系统还是动态系统，以及是自然系统还是人工系统。相应的理论和方法也有不同，例如非线性数学方程、分形（Mandelbrot，1983）、图表、突变理论（Thom，1989）、多智能体系统（Wooldridge，2009）等。我们将介绍 3 个支持以人为本柔性设计的概念框架（Boy，2017）：SFAC 模型、NAIR 模型和 AUTOS 金字塔。

3.2 SFAC 模型

设计人工制品（即人工系统、机器）就是定义其结构和功能。每个结构和功能都可以用抽象和具体的术语来描述，SFAC（结构 / 功能与抽象 / 具体）模型提供了人工制品的结构和功能之间的双重表达（即抽象和具体），如图 3.1 所示：

- ❑ 陈述性知识（即抽象结构）；
- ❑ 程序性知识（即抽象函数）；

❑ 静态对象或系统（即有形结构）；

❑ 动态过程（即具体功能）。

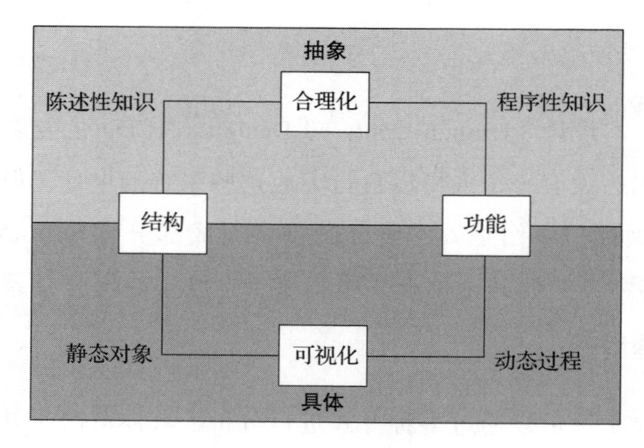

图 3.1 SFAC 模型（Boy，2017）

抽象部分是对正在设计系统的合理化过程（即知识表示）。这种合理化可以通过一组联系在一起的概念来表达。这种类型的表示可以称为本体、语义网络或概念图。它可以采用简单的树状层次结构或者复杂的概念图表示。

“陈述性”和“程序性”分别是指“知道是什么”和“知道为什么”。它们常用来描述人类的记忆过程。陈述性记忆内容包括事实和对事物抽象语义的认识。程序性记忆内容包括技能和程序（即如何做事）。我们可以将陈述性记忆内容视为明确的概念网络，程序性记忆内容可以认为是一组隐含的技能（即诀窍）。我们假设大脑记忆皮层由学习进化的陈述性记忆和程序性记忆组成。前者一般储存在大脑的颞叶皮层中，后者存储在运动皮层中。这些概念将在本书介绍的程序性和陈述性知识的获取（PRODEC）方法中具体使用。

根据SFAC模型，在设计阶段，物理部分通常使用计算机辅助设计（Computer-Aided Design，CAD）软件来表示，使设计人员能够生成所设计系统各个组件的3D模型。这些3D模型包括静态对象和动态过程，并采用过程可视化的方法表现正在设计的组件是如何工作和如何集成在一起的。在设计和开发过程的后期，这些3D模型可以进行3D打印，这使得设计的组件及其可能的集成变得具体化（即物理有形）。设计过程的每个阶段都需要将具体部分及其抽象对应的部分一起进行测试（包括它们的合理化、正当化，以及它们之间存在的各种关系）。

SFAC模型通常作为设计团队协作共享、修改和验证的中介媒介。SFAC模型还能够让设计团队更好地记录设计过程及其解决方案，这主要通过主动设计文档（Active Design Document，ADD）方法实现（Boy，1997），其最初是为追溯目的、简化创新概念和渐进式评估系统而开发（Boy，2005）。SFAC模型是SCORE系统的基础，被轻水核反应堆设计团队作为团队协作和项目管理的中间媒介（Boy等，2016）。

3.3 NAIR模型

如果不能很好地掌握表征社会－技术系统的认知功能和物理功能的区别和互补性，就无法研究、建模、设计和开发社会－技术系统。NAIR（自然/人工与认知/物理）模型将这种区别合理化，以支持以人为本的设计（如图3.2所示）。

自然系统包括生物系统（例如植物、动物和人）和物理系统（例如地质或大气现象），人工系统包括认知系统（例如互联网、电子手表和飞机飞行管理系统）和物理系统（例如房屋、桥梁和工厂）。

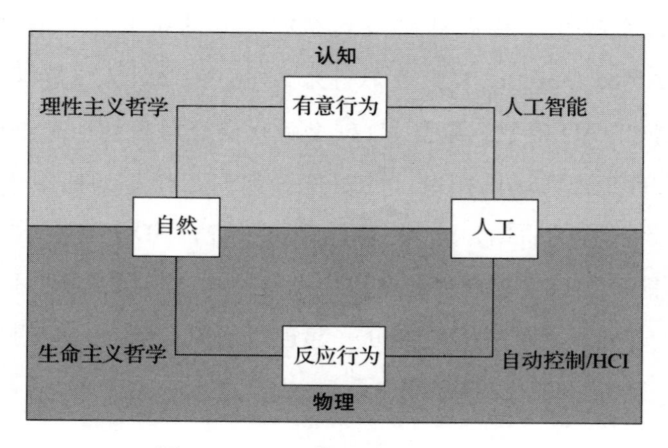

图 3.2 NAIR 模型（Boy，2017）

理性主义哲学可用于解释自然的有意行为（即主要与大脑皮层相关，包括推理、理解和学习），生命主义哲学可用于解释反应行为（即主要与情绪、经验和技能有关）。

人工智能工具和技术可用于支持人类有意行为的产生（例如运筹学、优化技术和基于知识的系统），控制理论和人机交互工具和技术可用于支持人类反应行为的产生（例如飞机交通警报和防撞系统，控制机制和语音输出以向飞行员发出警报）。

3.4 TOP 模型

设计一个新系统必然涉及人：首先是设计师，也可以是开发商和制造商、测试人员和认证人员、用户或操作员、维护 / 维修人员，甚至拆解专家。从设计师开始，我们如何帮助他们完成工作？需要哪些工具、组织和资质？需要在技术、组织和相关人员方面满足人本设计要求的工具，即

TOP模型，如图3.3所示。

人本设计已经有二十多年研究和开发历史（Norman，2019；Boy，2013）。人本设计与传统工程设计过程相反，传统设计过程将技术元素置于人的元素之前，到设计后期才开始考虑用户界面和操作文档，此时很多问题就很难避免。事实上，人本设计最早起源于人机交互（Human-Computer Interaction，HCI），主要考虑计算机系统中的人为因素，因此，也已经成为一门设计学科。唐纳德·诺曼是人本设计的最佳推广者之一，他认识到在设计时需要观察活动，以区分逻辑和用法，由此产生了用户体验的概念（Edwards和Kasik，1974；Norman，1988）。人本设计包含诺曼（1986）所说的以用户为中心的系统设计（User Centered System Design，UCSD）。这里的“用户”容易产生误解，首先，它强调终端用户（例如飞行员、驾驶员、控制室操作员），却不一定是认证员、维护员和培训员；其次，系统中包含的人不仅仅是个人用户，他们是一类群体！

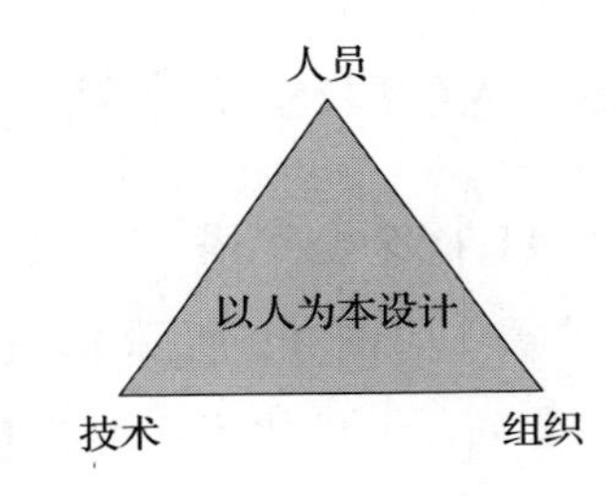

图3.3 TOP模型（Boy，2013）

例如，NASA的*Human Systems Integration Practitioner's Guide*中提供了明确的人本设计定义（NASA，2015）：

1. 操作理念和场景开发。
2. 任务分析。
3. 人与系统之间的功能分配。
4. 人与人之间的角色和责任分配。
5. 迭代概念设计和原型制作。

6. 实证测试，例如对具有代表性的人群进行测试，或基于模型的人类和系统性能评估。

7. 飞行中人机系统性能的现场监测。

3.5 AUTOS 金字塔

AUTOS 金字塔[⊖]（人工制品、用户、任务、组织和情景）是 TOP 模型的扩展（如图 3.3 所示），是简化的人本设计工程框架。AUT 三角形（如图 3.4 所示）描述了三种关系：任务分析和活动分析（U-T）、信息需求和技术需求（T-A），以及人机工程学和培训（程序）(T-U)。

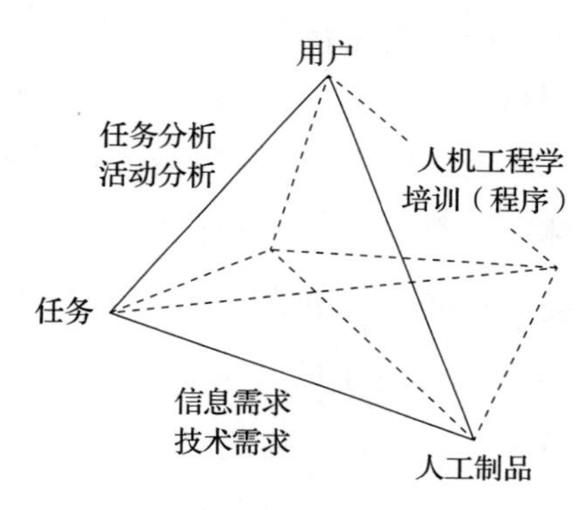

图 3.4 AUT 三角模型

例如，人工制品可以是系统、设备和飞机或电子消费品的部件，用户可能是来自不同文化的新手、经验丰富的人员或专家。他们可能感到疲倦、压力大、犯错，年老的或年轻的，体型和精神好的等。任务范围可以从质量管理到飞行管理、客舱管理、设计或维修系统、供应或管理团队或组织等。而每项任务又涉及相关用户必须学习和使用的一种或多种认知功能。

组织环境包括使用人工制品时与执行任务时，便于用户交互需求的自然或人工系统（如图 3.5 所示），主要包括三个方面：社会问题（U-O）、角

⊖ AUTOS 金字塔在 *Hand book of Human-Machine Interaction*（Boy，2011）一书中进行了详细描述。应该注意的是，该模型中使用的术语“用户”表示与机器交互的人，而机器本身被表示为“人工制品”。我们保留这些符号以确保 AUTOS 模型的连续性，该模型是在人机交互的背景下设计的，并在此处用于人－系统集成环境。

色和任务分析（T-O），以及演变和突现（A-O）。

AUTOS框架，也称为AUTOS金字塔（如图3.6所示），是对AUTO四面体的扩展，引入了一个新的维度，即“情景”。它已经隐含于“组织环境”中，主要分四个方面：有用性/可用性（A-S）、态势感知（U-S）、情景行动（T-S）和合作/协作（O-S）。

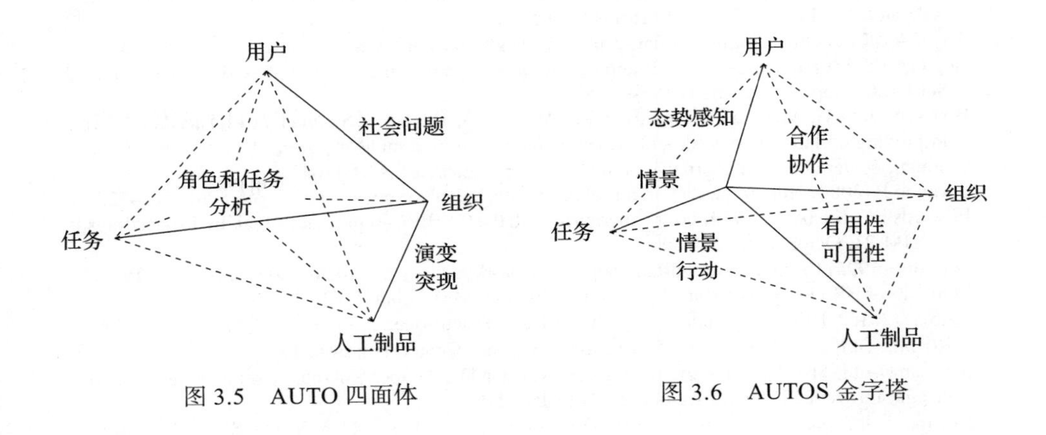

图3.5　AUTO四面体

图3.6　AUTOS金字塔

AUTOS金字塔给以人为本的设计师提供了HSI分析、设计和评估的支持，由此可以在设计阶段考虑人类因素、人为因素、任务因素、组织因素和情景因素等的综合影响。

3.6　本章小结

SFAC、NAIR和AUTOS金字塔的概念模型有助于以人为本的设计团队更好地理解和掌握系统结构和功能、具体和抽象事物、物理和认知智能体、自然和人工实体的含义和关系，以及人工制品、任务、用户、组织和情景的概念。

参考文献

Baxter G, Sommerville I (2010) Sociotechnical systems: from design methods to systems engineering. Interact Comput 23(1):4–17
Boy GA (1997) Active design documents. In: Conference proceedings of ACM DIS'93 (Designing interactive systems). ACM Digital Library, New York, USA
Boy GA (2005) Knowledge management for product maturity. In: Proceedings of the international conference on knowledge capture (K-Cap'05), Banff, Canada. ACM Digital Library, New York, USA
Boy GA (2011) Handbook of human-machine interaction: a human-centered design approach. Ashgate/CRC Press—Taylor & Francis Group, USA
Boy GA (2013) Orchestrating human-centered design. Springer, UK
Boy GA (2017) Human-centered design of complex systems: an experience-based approach. Des Sci J 3. Cambridge University Press, UK
Boy GA, Jani G, Manera A, Memmott M, Petrovic B, Rayad Y, Stephane AL, Suri N (2016) Improving collaborative work and project management in a nuclear power plant design team: a human-centered design approach. Ann Nucl Energy Elsevier. ANE4864
Carayon P (2006) Human factors of complex sociotechnical systems. Appl Ergon 37(4):525–535
Edwards EC, Kasik DJ (1974) User experience with the CYBER graphics terminal. In: Proceedings of VIM-21, October, pp. 284–286
Grudin J (1994) Computer-supported cooperative work: history and focus. Computer 27(5):19–26
Mandelbrot BB (1983) The fractal geometry of nature, Macmillan. ISBN:978-0-7167-1186-5
NASA (2015) Human systems integration (HSI) Practitioner's guide. NASA/SP-2015-3709. Rochlis Zumbado, J. Point of Contact. Johnson Space Center, Houston, TX
Norman DA (1986) Cognitive engineering. In: Norman DA, Draper SW (eds) User centered system design. Lawrence Erlbaum Associates, Hillsdale, NJ
Norman DA (1988) The design of everyday things. Basic Books, New York. ISBN 978-0-465-06710-7
Norman DA (2019) The four fundamental principles of human-centered design and application. Essay (retrieved on June 29, 2020: https://jnd.org/the-four-fundamental-principles-ofhuman-centered-design/)
Norman D, Stappers PJ (2016) DesignX: design and complex sociotechnical systems. She Ji J Des Econ Innov 1(2):83–106. https://doi.org/10.1016/j.sheji.2016.01.002
Poltrock SE, Grudin J (2003) Collaboration technology in teams, organizations, and communities. Tutorial. CHI'2003 Conference. ACM Digital Library (http://www.chi2003.org/docs/t13.pdf)
Thom R (1989) Structural stability and morphogenesis: an outline of a general theory of models. Addison-Wesley, Reading, MA. ISBN: 0-201-09419-3
Wooldridge M (2009) An introduction to multi-agent systems, 2nd edn. Wiley. ISBN: 978-0470519462

Chapter4 第 4 章

人 – 系统集成

摘要：21 世纪数字技术的巨大进步，催生了人在回路仿真（Human-In-The-Loop Simulation，HITLS）技术，使得以人为本的设计（HCD）成为可能。现在的仿真方法使我们能够全面考虑人员和系统而开展整体仿真。数字化社会中的万物互联创造了复杂系统中新的复杂性和特性，这些问题需要解决，尤其是可分离性问题。通过构建产品系统虚拟模型，HITLS 在设计阶段就支持人本设计，实现人类活动分析、以人为本的敏捷开发和认证等。人 – 系统集成（HSI）是产品系统整个生命周期中融合人本设计和系统工程（Systems Engineering，SE）的结果，它被视为一个新的研究领域，甚至是一门新学科。因此，社会 – 技术系统设计中的人和组织因素开启了面向新的认识论问题和解决方案的途径。这种从传统工程到数字工程的转变，将引发从刚性自动化到柔性自主化的转变。这涉及从专家经验数据获取程序性和陈述性知识的人工智能方法和工具，本章将介绍的 PRODEC 方法就是实现这个过程的方法之一。

4.1 面向人－系统集成的认识论[⊖]

前面的章节中已经定义和描述了情境－资源正交框架，并且被作为人－系统集成（HSI）的中心框架。此时，可以介绍由人－系统集成引起的当前认识论的演变了。21 世纪初，HSI 本身就成了一个科学和技术研究领域（Pew 和 Marvor，2007；Pew，2008；Boehm-Davis 等，2015；Boy，2020）。

在这个过渡时期，传统的人机工程学正在被以人为本的设计与复杂系统工程相结合的人－系统集成所取代（Boy 和 Narkevicius，2013）。它由人机交互支持，依托虚拟样机、人在回路仿真（HITLS）和有形度量技术发展。在这些技术的支持下，通过构建虚拟空间，实现设计过程中的人机验证，分析人机活动（不仅仅是任务分析），从而不但实现人机界面测试，也实现整个技术系统测试。

以人为本的工程设计涉及多学科团队。当我们谈论人性化技术，并不是要开发与我们一模一样的机器人（即伟大的人类替代品），而是要开发人性化且生态和谐的工具（即不会破坏环境或妨碍人类生活的工具）。

此外，当前的突破直接解决了研究和实践两个不同领域的传统视角。思考和行动正朝着综合的社会技术方法 HSI 发展。必须指出的是，技术的发展速度远远超过了研究其合理化的速度。今天，实验室已经逐渐转变成现实。HSI 将人类学、人体工程学和建筑学等学科，与工程科学和计算机科学相结合。

⊖ 认识论是哲学的一个分支，与知识论有关，它研究知识的本质，以及信念的正当性和合理性。

HSI作为一种人类学方法，需要扎实的哲学基础。工程科学主要基于实证主义（Comte，1998；Russell，1993）和行为主义（Watson，1913；Pavlov，1927；Skinner，1953）。而意识是不可观察的，因此对意识的研究接近于形而上学。实证主义关注一切可观察到的事物，由此产生了经验主义。尽管HSI大多时候也基于观察，但也关注现象学、内省和人类经验（Heidegger，1927；Bergson，1907；Merleau-Ponty，1964）。HSI与系统工程协同工作的主要问题是：如何从实证主义中获益而又不失去我们正在构建的东西的意义呢？如果没有模型或理论支撑，以及良好的实践验证，那么这个问题是没有答案的。这就是人类认知理论的价值所在——可作为观察问题、管理知识，以及经验累积的中介工具。很明显，这需要发展和扩充新理论，特别是社会认知领域的相关理论。

HSI必须基于模型，进行模拟仿真和测试验证（尤其是有形性实践）。所有模型都会随着使用的过程而发生演变。模型是一组元素，它只是部分地表现了真实世界的丰富元素。我们已经知道如何通过区分感知情景和真实情景来赋予情景概念具体的意义。多个模型可以表达相同的现象。这些模型可以是具体的和/或抽象的。例如，飞机可以通过物理模型、绘图或数学模型等多个模型表达。所以，有用的模型就是好的模型，当模型表达和仿真操作与真实世界基本一致时，模型就是有用的。

为此，必须选择构成模型的元素及其相互关系，以最好地表示现实世界对应的等效元素。在这个构建过程中，系统性崩溃仍然可能发生，因为生命链相互关联的现实世界并不能简单地被自然元素分割表达。互联网表明，我们已经创建了由相似的简单元素构成的人工系统。从经典力学角度来说，真实世界可以分割成独立元素，并构建连接以重建等效世界，但是无法重构现象学意义上的人与系统整合的真实世界。

这导致了系统可分离性的问题（如图 4.1 所示）。事实上，系统在结构和功能上越复杂[⊖]，就越难理解其行为和其内部功能（即系统的各个组成部分及它们之间的相互作用）。

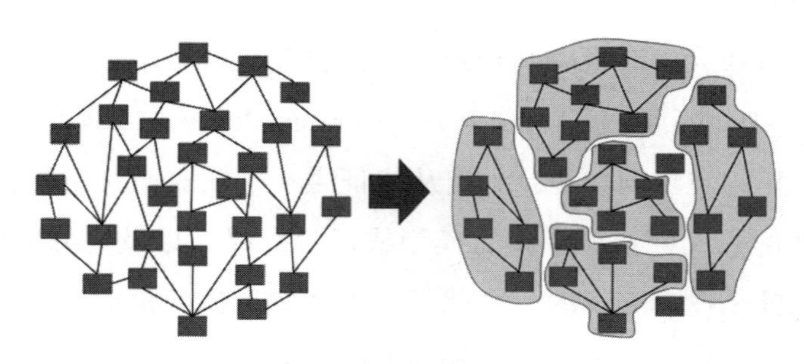

图 4.1　7 个可分离系统所组成的“系统之系统”示例

能否将系统的各个部分分开，单独研究它们，从而简化分析？这是一个难题，但却是生物学学者和生理学学者长期以来一直在思考和研究的问题。例如，外科医生知道如何暂时将器官与人体分开，而不会对整个身体造成不可逆转的损害，这就是一个系统之系统。他们还知道某些器官，例如大脑，是无法分离的，因为人类可能会因这种分离而死亡。这些重要器官必须在与身体其他部位连接的同时进行研究和治疗。

传统的单系统设计方法往往在系统集成后存在重大隐患问题，这种系统集成末端环节发现的问题处理起来非常棘手，因为重建整个系统很困难，有时甚至是不可能的。主要是因为，这种方法没有考虑系统可分离性，而是认为系统的所有组件都是可分离的，就像乐高积木一样。

例如，一个国家可能在某些方面是可分离的，而在其他方面则不可分离。更具体地说，在新冠肺炎疫情大流行期间，法国政府决定封锁整个国

⊖ Complex 在拉丁语中的意思是“复杂的”，即编织在一起的东西（Morin，1995）。

家，而不是封锁病毒严重感染的地区。因此，除了医药、食品等少数部门外，整个国家都停止了工作，导致经济急剧下滑。由此可见，经济方面缺乏可分离性对整个系统造成了重大影响，而站在经济学角度来看，地理方面的可分离性有时是有益的。由此可知，系统之系统的可分离性是一个有用且关键的概念。

对系统之系统的可分离性掌握得越多，就越能够解决其在操作和维护中的灵活性和柔性。需要引起我们高度重视的是，对于纯机械系统，这种可分离性不是主要问题，但在包含大量软件系统且高度互联的现代系统中，了解系统的内在可分离性就势在必行。如今，专家们通过修正的设备解决了大部分复杂的社会–技术系统问题。但从系统学的角度来说，我们需要更好地将它们形式化，以便更好地掌握它们。

由前述内容可知，任何人或机器系统都可以用结构和功能来表示，系统之系统本身就是一个组织。伊尔卡·托米（Ilkka Tuomi）区分了组织和结构的概念，“组织定义了一类系统，而结构是组织类中一个系统的特定实现”（Tuomi，1999）。这些系统不仅在它们的生命周期中进化（即它们以稳态的方式适应），而且还可以以自创生（autopoiesis）的方式进行自我繁殖，这是马图拉纳（Maturana）和瓦雷拉（Varela）（1980）提出的概念。托米提出了知识生成的5-A模型，将知识生成概括为：预期、运用、表达、积累和行动。

想象一下网络服务器长时间发生故障，将会出现哪些棘手的问题。我们日常生活的方方面面都依赖互联网。新冠肺炎疫情暴发，迫使我们学习不同的方式管理我们的生活。信息技术创造了一种我们必须适应的自组织系统。有趣的是，对于严重依赖此类技术的人来说，新冠肺炎疫情大暴发不仅没有扰乱他们，还使他们的生产力提高了。在新冠肺炎疫情期间，网络远程会议极大地帮助了一些人实现远程办公。相比之下，那些保障我们生命安全的人不得不冒着被感染的风险，逆向而行，工作在医疗保健、食品生产和分销、体力劳动，以及许多其他部门。

我们必须认识到，某些以计算机为媒介的人的认知工作，很大程度上离不开生活在有形世界中的其他人的物理工作。在新冠肺炎疫情暴发后，所有这些观察和思考都迫使我们考虑有形性这一核心问题，这也是自主性领域必不可少的议题。例如，在法国，我们知道如何生产飞机，但不知道如何生产口罩，以保护彼此免受疫情的影响，这使我们意识到自主性的必要性。飞机对我们而言，除了加快疫情在世界范围内大面积流行之外，毫无用处。2020 年春季，由于法国无法生产口罩且无法进行检测，法国人被严格地限制出行 2 个月。这也是需要重新思考我们的经济体系和相关产业体系的重要原因之一。特别是在危机时期，自主性和柔性需求变得至关重要，尤其是在涉及日常生活领域时更要加以考虑，以确保其可持续性。

4.2 人－系统整体集成仿真

仿真已经存在几十年了，已经发展到无处不在，即可以毫不费力地将任何类型的虚拟系统连接到其他地方。例如，我们可以以真实有形的方式仿真航空航天、核能或医疗系统。当然，仍需要我们更好地定义有形性。本书将为有形性问题和方法做出贡献。

如今，仿真为工程设计提供了核心支持，它主要基于计算机辅助设计（CAD）和动态系统进行建模。CAD 最初是静态的，主要依靠有限元方法和偏微分方程来指导产品的形状设计。如今，仿真集成了各种模型，如空气动力学模型、结构模型、振动模型等，也逐渐向多物理场仿真方向发展。

因此，我们逐渐意识到仿真对建模起到很大作用，而且就成本而言，仿真变得更容易和更划算。

更有意思的是，它直接支持人在回路仿真，为虚拟以人为本的设计（Virtual Human-Centered Design，VHCD）提供宝贵支撑。它使我们能够观察和测试参与未来系统的人员活动，也可以对正在设计和开发的系统进行可行性评估，因为它使我们可以在虚拟环境下以整体的方式观察系统及其环境的行为。之前是无法这么做的，我们只能测试部分系统，而不是整个系统。现在，我们可以测试整个系统的数字孪生。

20世纪是以工程技术为中心的，一切从物理系统开始，使得从开始就需要资源投入，这严重限制了设计方案的选择（如图4.2所示）。在这种情况下，设计柔性就成为一个重要问题。因为没有足够的资源来弥补任何环节出现的问题，且需要到系统几乎完成时才能得到系统的全部，然而，此时已为时太晚，而且具体操作过程中许多情况可能更糟。那时，我们拥有的唯一技术资源是所谓的“用户界面”和“操作规程”。但是，在许多情况下，用户界面的设置更多是为了弥补功能设计的缺陷，而不是协调人机之间的功能分配。

相反，如果我们从一开始就使用HITLS技术，即设计和开发虚拟样机，则有利于我们在系统概念和开发阶段，就可以开展系统测试和活动功能分析等（如图4.3所示）。

当利益相关方询问“它会是什么样子”时，我们可以向他们展示数字模型，并可以获得更多来自使用者的有关系统知识（例如用户使用产品系统的行为活动）。这样，我们能够知道哪些内容需要修改，并且能够有足够的资源可供选择，也保留了系统设计柔性。

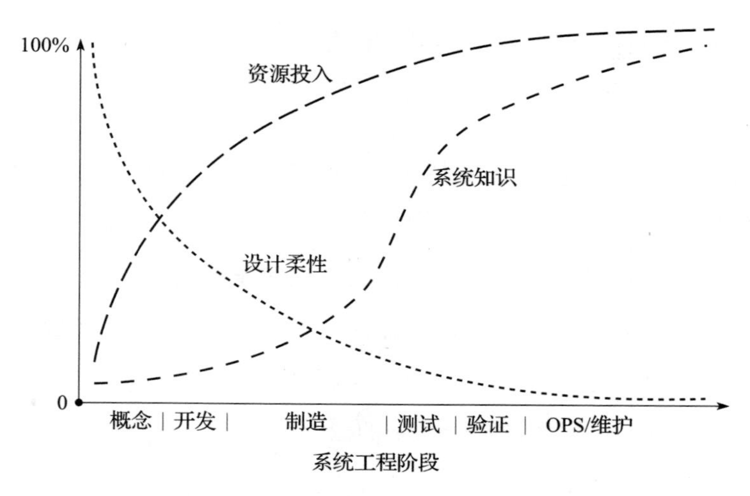

图 4.2 以技术为中心的资源投入、设计柔性和系统知识

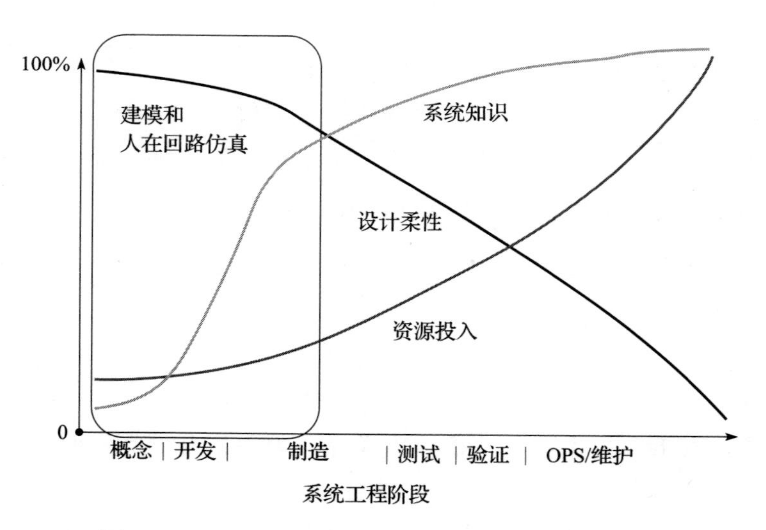

图 4.3 以人为本的资源投入、设计柔性和系统知识

在系统生命周期（即系统工程阶段）相关的 3 个参数（即系统知识、设计柔性和资源投入）的演变过程中，最重要的是同时考虑这 3 个参数的影响（如图 4.3 所示）。

虚拟以人为本的设计，正如刚才所描述的，基于人在回路仿真技术，是通过处理大量数据而实现的。因此，急需人工智能技术从这些数据中提取特征模式，并根据这些特征模式不断发展演化系统的功能和结构，这通常称为敏捷方法。然而，如果我们停留在计算机领域，即虚拟样机领域，就不会达到物理或者认知的有形领域（Boy，2016）。这一切对于工程学来说将是全新的世界！

虚拟以人为本的设计可以扩展到系统的全生命周期。应该指出的是，一旦社会－技术系统开发完成，用于支持VHCD过程的虚拟环境，可以作为数字孪生（如图4.4所示）继续使用和完善，以支持系统运营，并继续完善基于用户经验反馈的系统。图4.4与图4.3的不同之处在于，建模和人在回路仿真作为数字孪生的扩展，从而覆盖了系统全生命周期。此外，数字孪生构成了系统的交互式文档，可在系统维护中协助排除故障，并逐步集成有用的用户反馈信息。

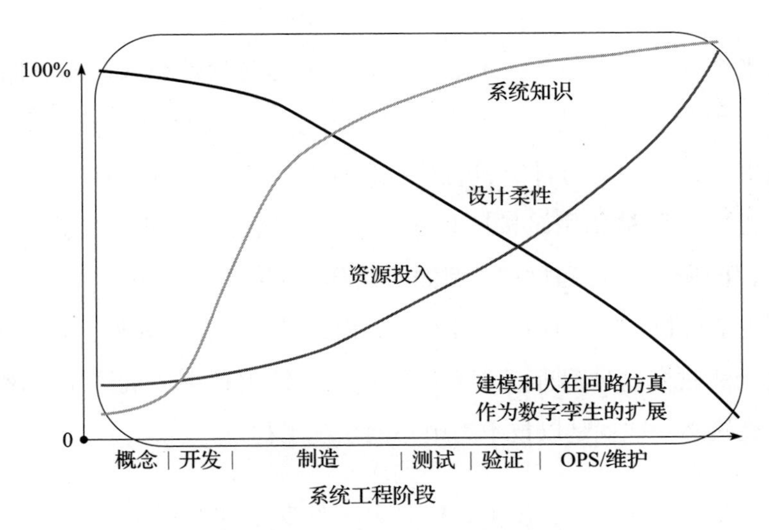

图4.4　系统全生命周期的数字孪生方法

4.3 提供更多的自主性和柔性

以技术为中心的传统系统工程造就了工业自动化，而数字工程将引领以人为本的系统设计，也就是人－系统集成（如图 4.5 所示）。

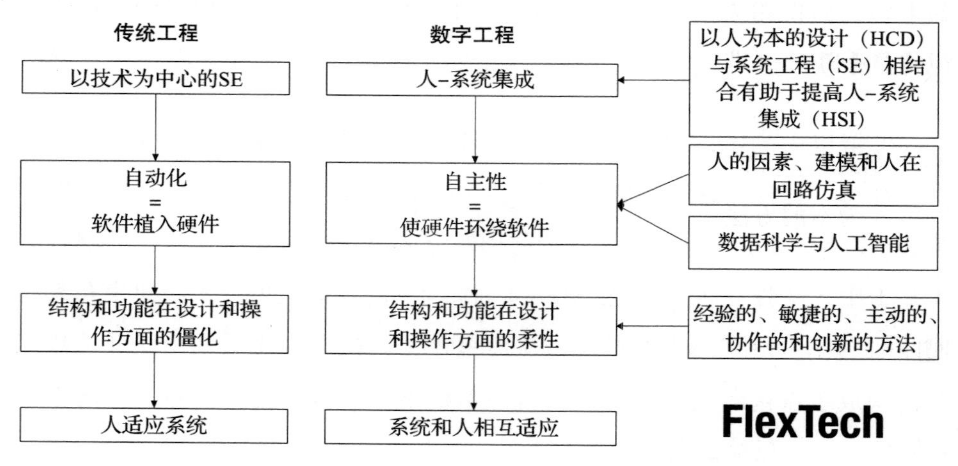

图 4.5 从传统工程到数字工程的转变——从刚性自动化到柔性自主性的转变

在当今的传统工程中，工业自动化主要是将软件植入硬件。例如，20 世纪末，大量软件被植入汽车，这使得许多人类功能可以转移到机器上。这些机器功能主要通过计算机程序控制实现。因此，从某种意义上说，它们是刚性的，即被调用时按照程序规定的去执行。此外，我们不难发现，传统工程的所有工具和过程（例如质量部门）都存在这种僵化。这使得人类需要去适应机器，即使有人机交互界面，其目的是使我们操作更加方便，但是也无法改变这种局面。事实上，传统系统工程中，机器就是核心，也仍然将是核心，这就是以技术为中心的系统工程。

在当今工业 4.0 数字化工程中，自主性要求我们根据软件自动构建硬件。例如，大多数系统都是从利用计算机辅助设计开始。首先制作系统介绍 PPT，接着开发数字样机模型，然后在没有有形物理样机的情况下开展模拟测试，甚至可以以非常逼真的电子游戏的形式开发一架完整的飞机，并在系统全生命周期的早期阶段开展虚拟飞行测试和业务流程分析。正是在这个层面上，人工智能和数据科学才能发挥关键作用。事实上，它们使需要最优分配给人类或机器系统的功能开发成为可能。因此，确保尽可能以柔性和动态（即实时）的方式分配其中一些功能变得至关重要。通过对认知功能的分析，我们可以更好地理解和决定这些功能的构建和分配，这些功能的构建和分配往往来自活动本身（Boy，1998、2013 和 2020）。这种以人为本的方法实现了相关人员和机器的互相适应。

为什么柔性变得如此重要？应该指出的是，我们并没有停止构建人工制品，用机器功能（即通过自动化）代替人类功能，尤其是在航空领域。让我们用拉斯穆森模型来解释自动化向自主性需求的演变（如图 4.6 所示）。

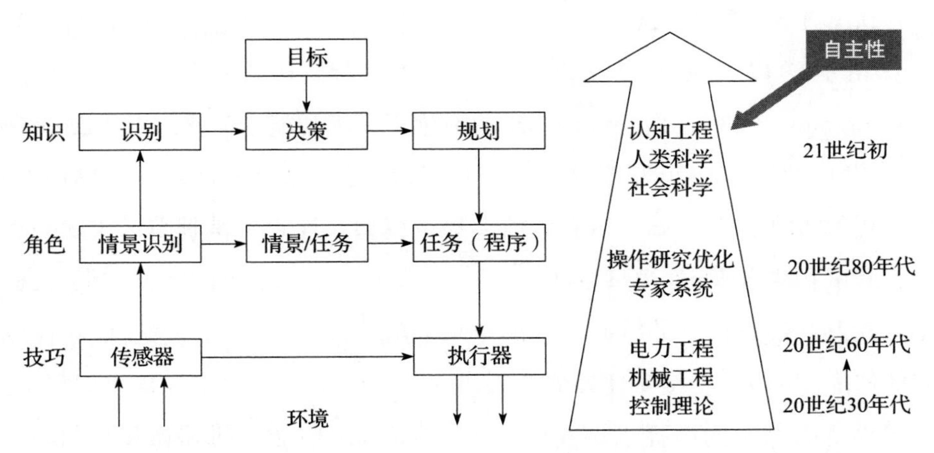

图 4.6　寻求自动化以实现更大自主性的过程中出现了为 HCD 服务的学科

在航空领域，这一切都始于保持速度和高度等巡航技能的自动化。早在 20 世纪 30 年代初，就安装了飞机自动驾驶仪。有趣的是，相应的技术和科学学科随着与之对应的工业对象和概念的发展而发展。我们可以把工业应用比喻成现实的大学。例如，诺伯特·维纳（Norbert Wiener）提出的控制理论在20世纪40年代蓬勃发展（Wiener，1948），落后于商业航空中使用自动驾驶仪很久。因此拉斯穆森认为，我们可以在20世纪30年代到60年代之间留出一个时间窗，将技能功能从人过渡到机器，使用由电气工程、机械工程和控制理论，更具体地说是自动控制开发的方法和工具。

直到20世纪80年代，第一台数字计算机才运用到运输机上，可根据给定的站点实时计算最佳飞行路径的导航系统应运而生，即飞行管理系统（FMS），这主要得益于20世纪80年代中期计算机的飞速发展。我们通过计算机管理航线数据库，实现了从飞行员执行巡航功能到机器的转移。由运筹学、系统优化和专家系统等方法和工具构建的FMS循环运行在自动驾驶仪上，代替人类实现更好的巡航功能。

认知工程诞生于20世纪80年代早期，是为了响应整合认知科学和计算机科学以发展人机交互的需要（Card等，1983；Norman，1986；Rasmussen，1983）。而且，认知工程诞生于人工智能的鼎盛时期（20世纪80年代）。那时，认知科学和人工智能已经开始很好地协同工作，前者为后者提供人类智能基础，后者为前者提供模型。计算机科学则是这两个学科的测试和测量媒介。不幸的是，第一波人工智能（Artificial Intelligence，AI）并没有带来预期的雄心勃勃的结果，随后陷入了自20世纪90年代以来的严酷“冬天”。接着便发展了人机交互（HCI），它比人工智能更实用，可以在更短的时间内提供切实的结果（Winograd，2006；Grudin，2009；Kolski等，2020）。

就人工智能而言，回顾一下这个学科已经发展到什么程度和真正要解决的问题是很有用的。约翰·麦卡锡（John McCarthy）和马文·明斯基

（Marvin Minsky）于1956年在达特茅斯夏季研究项目中提出了第一个人工智能程序。20世纪80年代，人工智能发展迅猛，以至于我们认为它可以侵入我们的生活并取代人类。我们应该担心被机器取代吗？或者我们应该考虑与所谓的“智能”工具进行交互和协作吗？比如，云计算给人们带来了比任何现有的信息技术工具更大的自主权，我们应该担心被它取代还是与其协作呢？无论哪种方式，我们都必须谨慎，必须小心人工智能算法的成熟度，必须确保人工智能不会给人类带来更多约束和僵化的做事方式。想想当你打电话给一家大公司时的自动语音菜单，你通常会因为系统太死板，很少提供人工服务而感到极度沮丧，这是因为这些“自然语言理解”系统还不成熟。这就是为什么成熟度是有形性的组成部分之一。

4.4 人工智能与系统工程

我们已经看到，人工智能中智能体的概念类似于系统工程（SE）中的系统，因此，这两个学科正在逐渐发生交叉融合，且并非巧合。在本书中，笔者将“人工智能意义上的智能体”和“系统工程意义上的系统”这两个术语经常相互替代使用。AI中的多智能体系统（Multi-Agent System，MAS）相当于SE中的系统之系统（SoS）。

机器学习的问题仍在讨论中，以更好地理解如何适应通用知识结构以及如何调节模型参数。很明显，学习必须受到人类和基础领域的专家监督。20世纪80年代出现了几种AI技术，例如案例推理和使特定案例更加通用的相关学习机制，这种推理机制在本质上有象征意义。随着时间的推移，人工智能已经扩展到机器人、语义Web、知识管理等研究和开发领域。最近还发展到数据科学，即大数据领域，主要通过延伸数据分析的经典方法到统计数学来实现。在通用模型的上游同化阶段，人－系统集成将更多地基于符号而不是数值的人工智能方法，在下游调节阶段，自然会使用数据来调整通用模型参数。

越来越多的 AI 算法正在 SE 系统中实现，这就是麦克德莫特（McDermott）及其同事所说的人工智能赋能系统工程（AI4SE）[一]（McDermott 等，2020）。一个类似的倡议于 2019 年在西班牙的莱加内斯会议首次提出，这也是本书的出版地（Boy，2019）。第一次座谈会侧重于人工智能对 SE 领域（即 AI4SE）的贡献。这种趋势遵循赫伯特 · 西蒙（Herbert Simon）在人工科学中所预期的路线（Simon，1996）。

AI 社区目前正在讨论的主要话题是什么？ AAAI[二] 2020[三]会议提出了以下议题：信息检索（搜索）、规划、知识表示、推理、自然语言处理、机器人和感知、多智能体系统、统计学习和深度学习。总之，当前的人工智能可以分为两大类：数据科学和机器人技术。

然而，人工智能不仅应该以人类的认知为基础，还应以其他形式的合理的智能为基础。一群鸟是不是很智能？成群结队飞行的鸟群通常会形成雄伟且具有空气动力学效果的图案，这是自然的集体智能。此外，看看物种的进化，观察社区内个人和团体的互动。这些社会团体、社区和组织内的互动有其自身的智能，值得建模和理解。这就是为什么多智能体系统拥有这种基于经验的常识非常重要，无论它们是自然的还是人工的。因此，回到人 – 系统集成的议题，它不仅要考虑人类的认知，还要考虑为自然生

[一] 2019 年，由大学附属研究中心（UARC）赞助的美国国防部系统工程研究中心（SERC）研究委员会制定了一份路线图，以构建和指导人工智能和自主研究。该路线图包括数字工程基础转型的关键方面，既支持传统系统工程（AI4SE）实践的自动化，又鼓励系统工程中的新实践，以支持新的自动化、自适应和学习系统（SE4AI）浪潮。

[二] Association for the Advancement of Artificial Intelligence，人工智能促进协会。

[三] https://aaai.org/Conferences/AAAI-20/aaai20call/。

命服务的更普遍的人工制品生命，从而形成更加和谐共生的社会－技术系统。因而，分布式人工智能（即多智能体方法）和系统理论有很多共同之处。人工智能研究员马文·明斯基将智能体定义为智能体社会（Minsky，1986），我们不可避免地回到了 AI 和 SE 的交叉点。

20 世纪 80 年代末和 90 年代，专家知识和经验被广泛研究，特别是在基于知识系统（Knowledge-Based System，KBS）的知识获取领域（Gaines 和 Boose，1988）。专家系统和基于规则的系统属于 KBS 类。这一研究领域促进了一系列专家知识和经验的自动化。不幸的是，它自从 20 世纪 90 年代中期以来一直在衰退，因为它在服务柔性和创造性方面还不成熟，导致人类在大多数情况下的表现优于 KBS。

例如，我们使用 KBS 作为反馈管理系统，以保存和重用有关经验和专业知识。已经开发了许多类似的大型知识库，但很少能有效和持续地使用。现在由于数字孪生技术（即真实世界系统的数值模型和模拟）和监督机器学习的诞生，我们可以以一种有意义且可用的方式逐步整合，而不是积累经验、反馈知识。更具体地说，数字孪生可作为故障排除、态势感知、决策制定和行动实施的支持技术。

从这个意义上说，人工智能在赋予人们更高认知水平（例如，通过监督机器学习来开发复杂系统架构），以及更基本的行为水平（例如，通过深度学习实现视觉和图像识别）方面有着光明的前景。在第一种情况下，人工智能将更具象征意义；而在第二种情况下，它将更多地基于数据挖掘和分析算法。

迈向更大的自主性是社会的一项重大挑战。应该研究哪些模型？在任何情况下，这些模型都很大程度上依赖于情境，这就是为什么情境的概念至关重要，并且需要进一步研究的原因。任何模型都必须使用或多或少的明确规则来构建，即使这些规则难以编写，但它们定义了具体的适用范围，就如同表现主义和立体主义画家通过不同的视觉技术刻画自然一样。当这些规则存在时，适用范围就会变得更加具体，其作用也更强大。例如，在用人工智能算法构建的，帮助战斗机飞行员完成任务的新系统中，必须遵守哪些规则才能确保飞行员和这些虚拟助手之间的信任和协作？PRODEC方法就考虑到了这一点。

4.5 PRODEC[㊀]：程序性和陈述性知识的获取

以人为本的复杂系统设计是识别多个人和机器实体，构建物理和/或认知（网络）系统的问题。我们已经在本书前面的部分说明，它们可以通过角色、有效的情境和系统资源来建模。因此，必须正确识别这些属性。PRODEC 就是为此目的而设计的一种方法，它构建在计算机科学中程序性知识和陈述性知识的区别之上。

程序性知识涉及操作经验，通常由该领域的专家以叙述的形式表达。陈述性知识涉及人机系统设计的对象和智能体。PRODEC 方法围绕从相关专家那里获取程序性知识，并引出人类和机器系统的各种属性。这是一个基于创意、开发和验证的迭代启发过程。PRODEC 过程可能需要多次迭代才能收敛，因此强烈建议在循环迭代验证过程中使用人在回路仿真方法，并逐步创建和维护适当的功能模型和性能评估方法。

程序性知识和陈述性（或概念性）知识之间的区别早就被提过（Cauley，1986）。20 世纪 80 年代的人工智能揭示了面向过程编程（程序性）和面向

㊀ PRODEC 方法是在柔性技术计划中开发的。

对象编程（陈述性）之间的区别，过程编程语言是高级语言，允许程序员将算法表示为指令序列，例如 FORTRAN（McCracken，1961；Kupferschmid，2002）、Pascal（Wirth，1971）、C（Prinz 和 Crawford，2015）和 Python（Deitel 和 Deitel，2019）。相反，面向对象编程语言则允许程序员声明一组对象，这些对象具有称为方法的属性和特定于对象的过程。面向对象编程语言的例子有 Prolog（Colmerauer 和 Roussel，1993）、Haskell、Caml 和 SQL，这些对象由计算机推理引擎处理。

计算机科学和认知心理学的交叉由来已久。事实上，程序性知识和陈述性知识的概念已经在认知相关的几个领域得到发展，例如教育科学（McCormick，1997）和发展心理学（Schneider 等，2011），包括数学教育（Star，2005；Hiebert 和 Lefevre，1986；Carpenter，1986）、用户建模（Corbett 和 Anderson，1994）、实验心理学（Willingham 等，1989；Lewicki 等，1987）等。

如果使用剧院来比喻，那么一出戏剧通常是在程序上可行的。一位作家写了一篇文章来讲述一个故事，导演以让演员陈述的方式选择演员，演员将阅读文章，并以程序的方式学习他们的角色和剧本。PRODEC 方法被用于 HCD，以便从操作经验（即人类操作员讲述操作故事）和人机系统中涉及的对象和智能体的定义中受益（即设计团队逐步开发越来越成熟的原型系统）。

首先，PRODEC 可以在设计阶段通过程序性场景模拟如何操作执行系统。这些程序性场景是由有经验的人以事件年表的形式开发的。PRODEC 方法则通过主题专家讲述故事的方式，轻松地将其转化为程序性场景。

一旦开发了一个或多个程序性场景，设计人员就能够明确一组对象和智能体，并从功能和结构两方面进行描述，这些被称为陈述性场景（即组织配置或系统架构）。当然，这种程序性和陈述性知识的表达可以而且应该尽可能根据需要进行反复，以获得连贯且适用的人机系统原型。该原型还将被迭代开发和验证。

程序性知识和陈述性知识由一个框架[⊖]指导产生，这个框架涉及一些关键因素，包括要设计和开发的工件、将要使用它们的用户、这些智能体要执行的不同任务、部署它们的组织环境，以及执行这些任务的不同关键情景。

现在，给出一个使用 BPMN（Business Process Model Notation，业务流程模型符号）和 CFA（Cognitive Function Analysis，认知功能分析）的 PRODEC 示例。需要注意的是，除了 BPMN 和 CFA 之外，还可以使用其他程序性和陈述性方法和工具来实例化 PRODEC 方法。

BPMN 是业务流程建模的标准，也是获取程序性知识并将其形式化的语言（White，2004；White 和 Bock，2011）。BPMN 基于流程图技术，适用于创建流程操作的图形模型，类似于 UML（Unified Modeling Language，统一建模语言）活动图。BPMN 是程序性的，即允许使用脚本、情节、序列等不同形式的图形元素来描述程序信息。从计算机程序或示意角度看，它混合了智能体之间的交互模式。

系统的概念已被定义为人类和/或机器实体的表示。今天，机器和人一样具有认知功能和结构，导致我们可以将系统定义为陈述性递归实体（如图 2.2 所示）。CFA 方法论的发展是为了识别人类和机器的认知（和物理）功能及其相互关系，以支持 HCD（Boy，1998）。CFA 最初是与表示程序性知识的交互块（iBlook）一起开发和使用的。交互块包括五个属性：使用情境、一组初始条件、动作算法、一组正常的终止条件或交互块

⊖ 这个框架是已经在第 3 章中描述过的 AUTOS 金字塔。

执行后要实现的目标，以及一组异常的终止条件。正常和异常的终止条件都是从旧交互块转到新交互块。交互块用于程序界面的开发（Boy，2002），BPMN 提供了实现交互块的工具。

CFA 是一种生成陈述性（功能性）知识的方法，它现在已扩展到认知和物理结构和功能分析（Cognitive and Physical Structure and Function Analysis，CPSFA）。

BPMN-CPSFA PRODEC 方法如下：

1. 确定和审查实现各种目标所需的任务。
2. 以 BPMN 图（程序性场景）的形式描述它们。
3. 以角色（与任务和目标相关）、情境和相关资源（陈述性场景）的形式识别有意义的认知（和物理）功能。
4. 在结构和功能方面描述和完善相关隐式资源（使用 CPSFA 形式主义）。
5. 迭代直到找到满意的解决方案。

通常来说，资源是人工智能意义上的人类和 / 或机器智能体，以及系统工程意义上的系统。情境表示可能是正常、异常或紧急情况等的持续情景。情境通常被定义为时空组合条件。例如，正常情境中邮递员可以用时间（即每周从早上 8 点到下午 5 点）和空间（即明确定义的区域）来表示。

PRODEC 方法已被用于名为 MOHICAN 的空战系统项目[⊖]（Boy 等，2020）。该项目旨在推导出可以评估飞行员与认知系统之间的协作，以及对这些认知系统的信任的性能指标。在获得此类评估和度量方法之前，必

⊖ 感谢法国国防部武器装备总局（DGA）和泰雷兹公司（Thales）对这项研究的资助，感谢正在开展这项研究的“人机协作”项目组。

须获得相关的人力和机器功能。首先，我们以程序场景（即 BPMN 图）的形式开展任务分析，图 4.7 显示了无能见度低空飞行的自动驾驶程序的 BPMN 图示例。接下来，我们以陈述性场景（基于智能体的配置）的形式开发了功能分析。

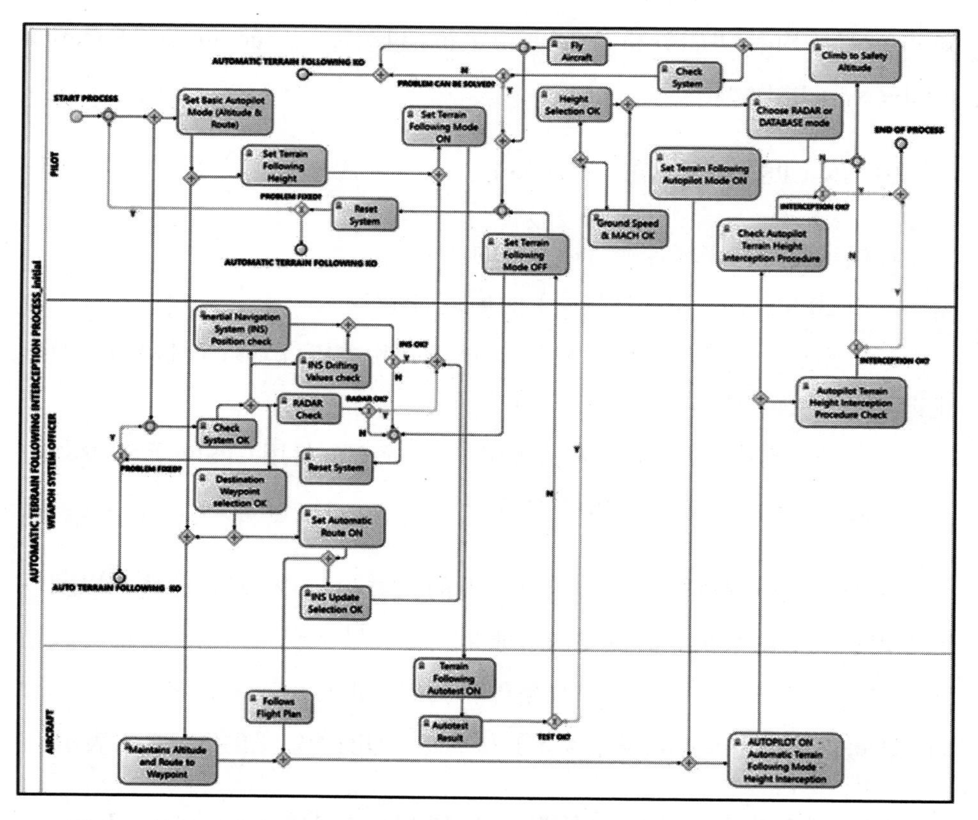

图 4.7 使用雷达作为地形跟踪传感器和自动驾驶仪进行低空飞行的军事过程 BPMN 图截屏，涉及飞行员、武器系统管理器和飞机系统 3 个智能体[⊖]（图中上、中、下三部分）

⊖ 该图由来自 Synapse Defense 的朱利安·德泽梅里（Julien Dezemery）在 MOHICAN 项目期间生成。感谢朱利安的帮助，感谢 DGA 和泰雷兹公司，他们为这项研究和“人机协作”计划提供了资金支持，该项目还在进行中。

在空战功能方面获得的知识很大程度上决定了用于性能评估的措施类型。例如，获取信息功能可以从准确性、时间、工作量、重要性等多个角度进行评估，这取决于具体情境和可用资源。需要提醒的是，物理和认知功能可以根据角色、有效性的情境和资源来表述，这些已经在图 2.2 中说明。

在 MOHICAN 项目中，BPMN-CPSFA PRODEC 过程产生了以下元素：

1. 在驾驶舱内执行的任务。
2. 在相关人员中的分布（例如飞行员和武器系统人员、决策支持系统）。
3. 完成每个子任务所需的资源（例如时间、武器系统、用于态势感知的空对空图片等）。
4. 涉及的不同智能体之间的相互依赖性（例如飞行员需要武器系统人员处理的导航信息来完成子任务）。

当找到满意的解决方案时，通常会使用 HITLS 来实施和测试，然后使用测试结果重新启动 BPMN-CPSFA 过程中的附加步骤。

根据图 4.7 中所示的程序性场景，已经确定并引出了几个功能，此程序性场景被用于运行人在回路仿真（HITLS）。通过观察飞行员在模拟中的活动，我们发现了一些编程没有考虑但很有必要的任务。例如，我们发现了一个紧急情况——提醒飞行员安全高度和安全航向。这个任务已经集成到 BPMN 中，如图 4.8 中右侧粗线框所示。具体来说，当面临自动驾驶仪的高度感知没有按计划进行等恶化状况时，模拟系统会显示飞行员需要的适当信息，即提醒飞行员安全高度和航向保持在计划的路线上。这是专家们在最初的程序设计中没有预料到的要求。

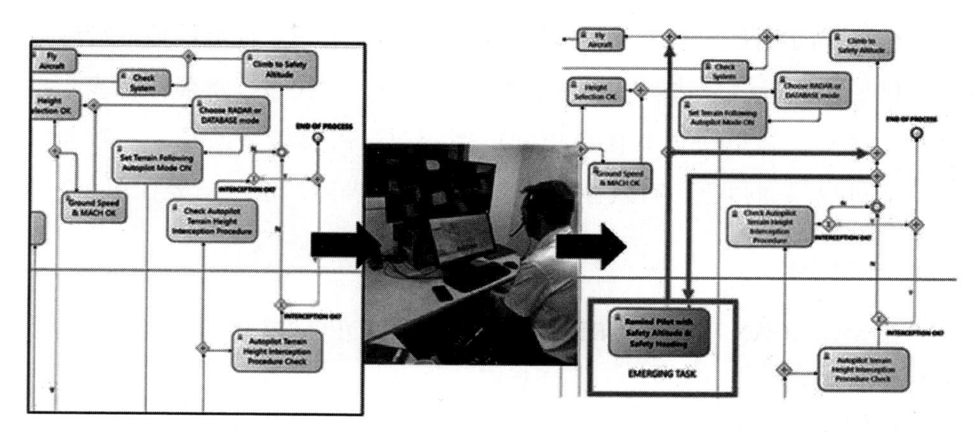

图 4.8　在 MOHICAN 项目中应用 PRODEC 的示例

这个例子展示了如何在程序性场景（图 4.8 左侧）的初始任务分析中发现紧急功能，然后在 HITLS（图 4.8 中间）中与相关专家（如飞行员）一起执行任务，并通过观察活动和进一步分析，最终发现紧急行为、属性和功能（图 4.8 右侧）。

所涉及的主要新功能是“协作”，它也可以用角色、有效的情境和所需的资源来表达。在这个例子中可以看到，实现“提醒飞行员安全高度和安全航向”任务的“协作”功能可以分配给一个人（即负责武器系统的人）或一台使用基于系统状态、飞行参数和最低高度监控算法的机器（例如虚拟助理）。

PRODEC 目前用于一个协作系统工程项目，该项目旨在开发基于远程遥控机器人管理的下一代海上石油和天然气设施。PRODEC 提供了一种高效且有效的方法来激发新兴的物理和认知功能，通过管理和分配室内操作员和远程机器人资源，以优化系统的安全性、效率、用户体验和成本等。

4.6 本章小结

HSI 是一个新的研究和实践领域，它基于虚拟样机、人在回路仿真和有形度量等技术，将虚拟以人为本的设计（VHCD）和系统工程关联起来。可分离性是复杂系统的重要特性，也是简化 HSI 系统研究的重要内容。从传统工程到数字工程的转变使得对柔性社会－技术系统的需求成为可能，并构筑了“柔性设计”的概念。人工智能和系统工程可以交叉融合，案例推理可以作为发展 HSI 的有用方法。PRODEC 是一种有用的方法，使以人为本的设计团队能够发现程序性和陈述性知识，并使用虚拟样机填补常规任务分析和活动分析之间的差距。PRODEC 也引入程序性和陈述性场景的概念。下一章将深化基于场景的设计，利用以运营为中心的设计，解决 HSI 演变过程中存在的复杂性和风险承担问题。

参考文献

Bergson H (1907) L'évolution créatrice. Presses Universitaires de France, Paris. 1959, 86th edn

Boehm-Davis DA, Durso FT, Lee JD (2015) Handbook of human systems integration. American Psychological Association. ISBN-13 978–1433818288

Boy GA (2020) Human systems integration: from virtual to tangible. CRC, Taylor & Francis, Boca Raton, FL, USA

Boy GA (2021) Human systems integration and design. Chapter 2. In: Salvendy G, Kawowski W (eds) Handbook of human factors and ergonomics, 5th edn. Wiley, USA

Boy GA (2019) Cross-fertilization of human systems integration and artificial intelligence: looking for systemic flexibility. In: AI4SE: artificial intelligence for systems engineering. REUSE, Madrid, Spain

Boy GA (2016) Tangible interactive systems: grasping the real world with computers. Springer, UK. ISBN 978-3-319-30270-6

Boy GA (2013) Orchestrating human-centered design. Springer, UK

Boy GA (2002) Interfaces Procédurales [Procedural Interfaces]. National conference on human computer interaction (IHM 2002), 26–29 Nov 2002, Poitiers, France. Copyright 2002 ACM 1-58113-615-3/02/0011. ACM Digital Library (initial contribution in French, available in English upon demand)

Boy GA (1998) Cognitive function analysis. Praeger/Ablex, USA. ISBN 9781567503777

Boy GA, Dezemery J, Lu Cong Sang R, Morel C (2020). MOHICAN: human-machine performance monitoring through trust and collaboration analysis. Towards smarter design of a virtual assistant and real time optimization of machine behavior in track "Intelligent assistants, Virtual assistants,

Simulation, Virtual reality". In: ICCAS symposium, ISAE-SUPAERO, Toulouse, France
Boy GA, Narkevicius J (2013) Unifying human centered design and systems engineering for human systems integration. In: Aiguier M, Boulanger F, Krob D, Marchal C (eds) Complex systems design and management. Springer, UK (2014). ISBN-13: 978-3-319-02811-8
Card SK, Moran TP, Newell A (1983) The psychology of human-computer interaction. Erlbaum, Hillsdale, NJ, USA
Carpenter TP (1986) Conceptual knowledge as a foundation for procedural knowledge. In: Hiebert J (ed) Conceptual and procedural knowledge: the case of mathematics. Lawrence Erlbaum Associates, pp 113–132
Colmerauer A, Roussel P (1993) The birth of PROLOG. ACM SIGPLAN Notices 28(3):37. https://doi.org/10.1145/155360.155362
Comte A (1998) Discours sur l'ensemble du positivisme. Flammarion, Paris, France (Originally published in 1848)
Corbett AT, Anderson JR (1994) Knowledge tracing: modeling the acquisition of procedural knowledge. User Model User-Adap Inter 4(4):253–278
Cauley KM (1986) Studying knowledge acquisition: distinctions among procedural, conceptual and logical knowledge. In: Proceedings of the 67th annual meeting of the American educational research association conference. San Francisco, CA, 16–20 Apr 1986
Deitel PJ, Deitel H (2019) Python for programmers: with big data and artificial intelligence case studies. Pearson Higher Ed. ISBN-13:978-0135224335
Gaines BR, Boose JH (1988) Knowledge acquisition for knowledge-based systems. Academic Press, Orlando, FL, USA. ISBN:0122732510
Grudin J (2009) AI and HCI: two fields divided by a common focus. AI Mag AAAI 48–57. ISSN: 0738-4602
Heidegger M (1927) Being and time. Tr. Macquarrie and Robinson (1962). Harper and Row, New York, USA
Hiebert J, Lefevre P (1986) Conceptual and procedural knowledge in mathematics: an introductory analysis. Concept Proced Knowl Case Math 2:1–27
Kolski C, Boy GA, Melançon G, Ochs M, Vanderdonckt J (2020) Cross-fertilisation between human-computer interaction and artificial intelligence. In: Marquis P, Papini O, Prade H (eds) A guided tour of artificial intelligence research. Springer Nature Switzerland AG.
Kupferschmid M (2002) Classical Fortran: programming for engineering and scientific applications. CRC Press. ISBN 978-0-8247-0802-3
Lewicki P, Czyzewska M, Hoffman H (1987) Unconscious acquisition of complex procedural knowledge. J Exp Psychol Learn Mem Cogn 13(4):523
Maturana HR, Varela FG (1980) Autopoiesis and cognition: the realization of the living. Reidel, Dordrecht
McCormick R (1997) Conceptual and procedural knowledge. Int J Technol Des Educ 7(1–2):141–159
McCracken DD (1961) A guide to FORTRAN programming. Wiley, New York. LCCN 61016618
McDermott T, DeLaurentis D, Beling P, Blackburn M, Bone M (2020) AI4SE and SE4AI: a research roadmap. InSight Special Feature. Wiley Online Library. https://doi.org/10.1002/inst.12278
Merleau-Ponty M (1964) The primacy of perception. Northwestern University Press.
Minsky M (1986) The society of mind. Touchstone book. Simon & Schuster, New York, USA
Morin E (1995) La stratégie de reliance pour l'intelligence de la complexité [The reliance strategy for complexity intelligence]. Revue Internationale de Systémique 9(2)
Norman DA (1986) Cognitive engineering. In: Norman DA, Draper SW (eds) User centered system design. Lawrence Erlbaum Associates, Hillsdale, NJ
Pavlov IP (1927) Conditional reflexes. Dover Publications, New York (1960 translation by Oxford University Press)

Pew RW (2008) Some new perspectives for introducing human systems integration into the system development process. J Cogn Eng Decis Mak 2(3):165–180
Pew RW, Mavor AS (eds) (2007) Human-system integration in the system development process: a new look. National Academy Press, Washington, DC. http://books.nap.edu/catalog/11893. Accessed May 2019
Prinz P, Crawford T (2015) C in a nutshell: the definitive reference 2nd edition. Kindle Edition. O'Reilly Media, ASIN: B0197CH96O
Rasmussen J (1983) Skills, rules, knowledge; signals, signs and symbols, and other distinctions in human performance models. IEEE Trans Syst Man Cybern 13:257–266
Schneider M, Rittle-Johnson B, Star JR (2011) Relations among conceptual knowledge, procedural knowledge, and procedural flexibility in two samples differing in prior knowledge. Dev Psychol 47(6):1525
Simon HA (1996) The sciences of the artificial, 3rd edn. The MIT Press, Cambridge, USA. ISBN-13 978-0262691918
Skinner BF (1953) Science and human behavior. Macmillan, New York, USA
Star JR (2005) Reconceptualizing procedural knowledge. J Res Math Educ 404–411
Tuomi I (1999) Corporate knowledge: theory and practice in intelligent organizations. Metaxis, Helsinki, Finland
Watson JB (1913) Psychology as the behaviorist views it. Psychol Rev 20:158–177. https://psychclassics.yorku.ca/Watson/views.htm. Accessed 25 Oct 2020
Wiener N (1948) Cybernetics: or control and communication in the animal and the machine. MIT Press, Paris, (Hermann & Cie) & Camb. Mass. ISBN 978-0-262-73009-9
Willingham DB, Nissen MJ, Bullemer P (1989) On the development of procedural knowledge. J Exp Psychol Learn Mem Cogn 15(6):1047
Winograd T (2006) Shifting viewpoints: artificial intelligence and human–computer interaction. Artif Intell 170:1256–1258. Elsevier
Wirth N (1971) The programming language Pascal. Acta Informatica 1:35–63
White SA (2004) Business process modeling notation. https://web.archive.org/web/20130818123649/http://www.omg.org/bpmn/Documents/BPMN_V1-0_May_3_2004.pdf. Accessed 23 Nov 2004
White SA, Bock C (2011) BPMN 2.0 handbook second edition: methods, concepts, case studies and standards in business process management notation. Future Strategies Inc. ISBN 978-0-9849764-0-9

Chapter5 第 5 章

基于活动的设计：场景、HSI 演变与创新

摘要：采用基于场景的设计处理系统任务分析，并通过人在回路仿真完成系统活动观察和系统分析，从而实现基于活动的系统设计。任务（即规定的内容）和活动（即有效完成的内容）之间是有区别的。复杂社会 – 技术系统的构建是渐进的，并需要形成性评估的支持。HSI 是在人的因素、人机工程学及人机交互的基础上发展而来的。目前，它与人工智能相融合，为以人为本的设计（人本设计）提供了更多可能性。本章将介绍从以工程为导向到以人为本的研究领域的演变，并将这种演变创新视为一种冒险活动。因此，HSI 是相关专家的专业知识、经验及创造力的组合，是一个涉及技术、组织和人员持续集成的过程。

5.1 从基于场景的设计到基于活动的设计

基于场景的设计主要表现在人机交互中使用的一系列技术（Rosson 和

Carroll，2002）。它涉及通过叙述来描述要设计的系统操作的片段。场景是关于使用的具体故事。这种技术只能在相关领域专家的帮助下完成，同时需要很大的创造力，包括设想未来可能用于设计系统或者测试系统的操作场景。这种基于场景的设计方法必须在设计过程中提供具体案例和操作柔性。场景是在利益相关者之间进行调解的工具，从而促进参与设计的积极性。一方面，设计团队必须面对场景创造性的挑战；另一方面，相关领域具有经验的专家为设计选择提供了可信性。

其中一个主要的挑战是不断评估数字化设计过程及其解决方案的有形性，为此，还需要使用有形的场景。前面介绍的 PRODEC 方法为这种基于场景的设计提供了框架。首先，需要根据能够提供操作说明的现场专家和专业人员的经验来构建程序性场景。然后，可以从这些程序性描述中获得关于人力和机器资源的陈述性知识。

这两种类型的场景都必须是现实的，并且涵盖广泛的场景和配置。它们将作为不同成熟度级别的建模、原型开发和后续测试的基础。测试包括原型样机开发中进行的人在回路仿真。设计和测试过程迭代反复，直到获得令人满意的架构和功能结果，这种方法通常称为“敏捷”方法。

复杂系统的设计需要考虑三个层次的集成：技术集成、人－系统集成和组织集成。TOP 模型（如图 3.3 所示）支持这种设计方法（Boy，2013）。必须在设计过程的早期就考虑和构建集成，而且不能太晚。与其孤立地设计和开发技术系统，然后在全部完成后将它们集成，不如从一开始就使用现有组件构建整体仿真集成方法。这些组件可以在敏捷开发过程中扩展甚至修改。而且，这些组件在设计过程可以是具体的，甚至是抽象的组件，即那些需要通过操作设计模拟活动评估之后才能开发的组件。

场景需要从不同的角度开发。首先，应考虑以下类型的场景：名义（或正常）和非名义（即异常和紧急）。其次，场景的定义应基于过去的经验（例如成功经验、事件和事故）和突发事件（例如在目标情景中使用新技术）。最后，应该定义一套初步的相关标准。注意，其将在敏捷开发期间根据测试发现的新属性进行更新。

图5.1给出了一种基于场景的方法，表示形式为：

1. 任务和情境。
2. 角色和职能/资源。
3. 一个不断发展的性能模型，将作为对正在开发的系统之系统进行迭代评估的参考。
4. 活动观察与分析。
5. 使用人在回路仿真。
6. 性能分析。
7. 性能模型质量检测。

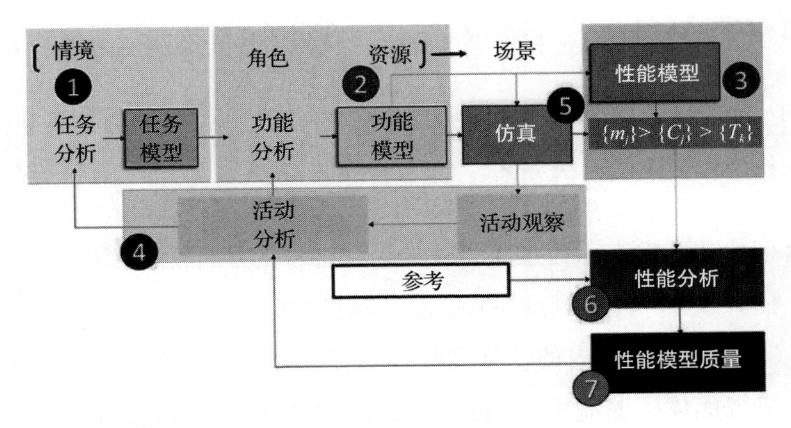

图5.1 人机系统形成性评价的多规则方法

这种方法与皮尤（Pew）和梅弗（Mavor）方法的核心用户模型，以及最近的方法非常相关（Wallach 等，2019；Ritter，2019）。它的不同之处在于基于 TOP 模型对性能的搜索（Boy，2011 和 2013）：

- 技术，即机器智能体（例如可用性、可解释性、透明度等）；
- 组织，即团队合作（例如测试信任、合作、协调、凝聚力等）；
- 人，即人类智能体（例如测试工作量、压力、疲劳、记忆等）。

以人为本的设计（HCD）的迭代过程包括以下任务：

- 考虑所参考场景的主要危害；
- 识别影响这些危害或与这些危害相互作用的人机系统的活动；
- 描述这些活动的主要步骤，首先通过任务分析，然后通过活动分析（以形成性评估的形式）；
- 识别这些步骤中涉及的每个系统的潜在故障；
- 识别使这些故障可能发生的因素——这些因素以新的功能和结构的形式出现；
- 使用这些因素，通过修改交互逻辑和集成逻辑来改进系统之系统。

例如，在 MOHICAN 项目中，我们旨在创建一种用于测量战斗机驾驶舱内人机协作性能的解决方案。实现这一目标需要（如图 5.1 所示）：

- 创建和开发表示信息和相关的处理过程的多智能体模型。因此，我们开发了一系列场景和情境（即模型的使用领域），代表工作空间（例如驾驶舱）内的认知和物理功能——$\{F\}$={ 角色，有效的情境，多智能体资源需求 }，以及相关的测量参数。最初，基于对双座战斗机驾驶舱的分析，对该模型进行了修改，然后进行了多次测试。

此外，新出现的任务和认知功能被逐步整合。

- 该模型得到通过收集客观数据（例如眼动追踪、军事行动性能测量等）和主观数据（例如Cooper-Harper评级量表、NASA TLX等）获得的低级测量值$\{m_i\}$的支持，以及对智能体活动的后验分析（例如，智能体活动的音频和视频分析，以及自我检讨和完善）。

此时，我们有能力：

- 构建表征对多智能体系统的有意义活动的评估标准$\{C_j\}$［例如工作量、疲劳、注意力、警惕性、承诺、可供性、灵活性、（技术、实践和组织的）成熟度、有形性等］。模型$C_j = g_j(\{m_i\})$是基于认知功能分析定义和使用的（Boy，1998），并辅以运营绩效标准（例如风险管理、任务有效性、运营利润）。
- 使用团队指标$\{T_k\}$，通过分析共享态势感知和人机合作来对团队绩效进行建模。$T_k = f_{k,\text{context}}(\{C_j\})$在情境的使用领域中有效。

这是一种限定表达T_k的方法，以保证它们与所研究情境中观察到的操作性能的一致性。MOHICAN项目包括部署解决方案（模型、方法和工具）来监控人机协作的性能，这些解决方案可重复用于未来驾驶舱的定义和评估。

5.2 从HighTech到FlexTech的演变

HighTech是指最先进的可用技术，与之对应的是“简单”技术即低端技术（LowTech），通常机器技术被称作低端技术，而计算机技术则是高端技术。大约在20世纪60年代，高科技随着电子和集成电路的出现而迅速发展，也就是现代化技术。

如果从技术的用途上看，那么可以分为3个时期（如图5.2所示）：20世纪80年代之前是机器时代；20世纪的最后二十年见证了高科技的发展；自21世纪初以来，我们则迈向了数字化时代。

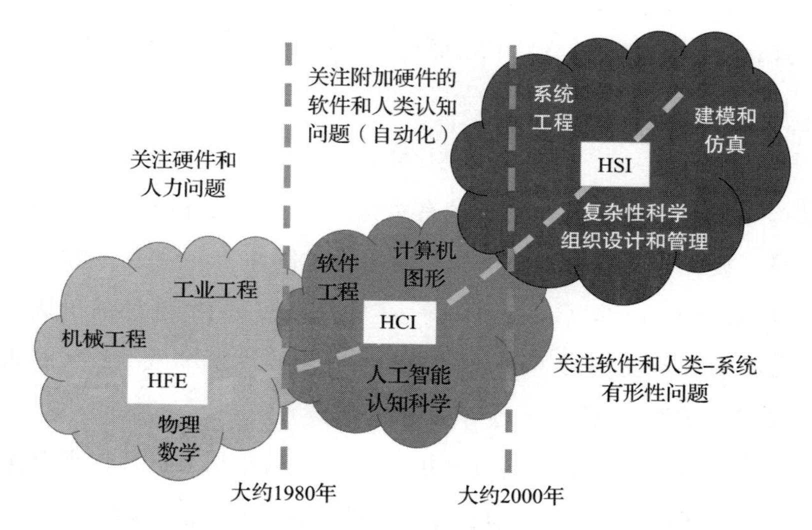

图5.2 从以工程为导向到以人为本的设计的演变历程

20世纪80年代以前，人因和人机工程学（Human Factors and Ergonomics，HFE）的发展解决关于人体生理和生物力学的工程问题；在20世纪80年代至21世纪初，人机交互（HCI）的发展则解决软件开发遇到的认知问题；自21世纪初以来，人–系统集成（HSI）迅速发展，旨在解决以人为本的系统性问题，更具体地说是社会技术问题。总而言之，这种演变基于一系列核心学科，从生命科学（例如医学、生理学、神经科学）到人文科学（例如临床、实验和认知心理学），以及最近的社会科学（即社会学、人类学和民族志）。此外，以人为本的设计催生了人–系统集成，不仅包括这些核心学科的支持，还涉及创造力、设计思维、复杂性分析、系统工程和科学等。

必须指出的是，纯粹的技术发展导致了很大程度的僵化（即人类需要按照定义的规则严格地适应机器）。我们已经逐渐将社会数字化，通信和运输技术创造了新世界，例如信息随时可用，并可以通过交通工具很快到达任何地方。我们已经实现了组织环境的自动化，并拥有用于文字处理、图形设计、计算、协作和社交网络的计算机工具，它们使我们的生活更轻松，同时也强加了我们必须遵守的严格模式。

自动化使应用变得僵化，因为它是由定义动作算法的程序实现的（即预先建立的程序）。我们可以看到，当停留在预先定义的使用范围内时，自动化可以完美地工作，但离开预先设定的环境时，它就会迅速偏离。在这种情况下，需要及时解决这一问题，所以，我们需要柔性设计的适当物理和概念工具来确保成功解决上述问题。基于这一认识，我们在追求高科技的同时，必须发展 FlexTech（即支持工程设计和操作柔性的技术）。值得注意的是，现在不少科学和技术领域正在兴起，例如复杂性和组织理论、复杂系统工程、人工智能、建模和仿真、3D 打印、视频游戏和环境科学。当然，所有这些领域都与我们指数级发展的人类及环境和谐的数字社会密切相关，因此，有形问题也必然需要考虑。

柔性的概念可以有不同的解释。首先，柔性需要自主，当一个人能够在没有外界持续帮助的情况下“回到正轨”时，可以说他是自主的。其次，柔性可以与开放性相关联，当一个人思想开放时，他可以思考和使用几种可能的解决方案，而不受惯性思维的限制，他能够创新性地解决问题（“打开盒子”）！再次，柔性可以与变革密切相关，能够轻易改变生活方式的人称为柔性的人。

技术可以解放人类，并给予前所未有的自由，例如，航空业的发展允许人们从一个地方快速旅行到远离家乡的另一个地方。另外，在新冠肺炎疫情之前，公司业务发展已经在利用这种柔性，并产生了新的僵化，因为人们不得不“出于义务”前往他们以前从未想过会去的偏远地区。在新冠肺炎疫情之后，我们可能想要通过限制这些来纠正这一点。我们经常做一些事情，因为它们是可能的，而不是因为它们是必要的，除了紧急情况。保护我们赖以生存的地球现在是紧急情况，由此我们创造了新的必然性，可能的柔性变成了人为必然性的僵化。因此，在我们寻求柔性时必须谨慎，例如，现在可以使用智能手机了，我们中的许多人也都这样做了。虽然这种类型的工具提供了很大的柔性，因为我们可以随时随地联系到其他人，但我们却十分依赖它，这造成了人为的必要性，比如由于某种原因我们没有智能手机，就可能会错过交流或重要信息。

我们已经讨论了从单智能体的以技术工程为中心的文化到多智能体的HCD文化的过渡。让我讲一个在加利福尼亚的个人驾驶经历的故事，以进一步描述。

这个故事从我制定了一条从伯克利到帕萨迪纳的路线开始。我租了一辆装有又老又陌生GPS（全球定位系统）的车，在导航的帮助下安心地在拥挤的车流中离开伯克利。当我的眼睛在仪表盘和路面之间来回扫视时，我看到GPS屏幕上闪烁着一条简短的信息。我还没来得及读，它就消失了（也就是说，没有捕捉到什么重要的情况）。然后，我继续在车流中穿行（也就是说，这是一个吸引注意力的问题）。过了一会儿，我意识到这条信息可能很重要，GPS做了它应该做的事情，为我找到一条避开交通拥堵的替代路线。我之所以意识到这一点，是因为几个小时前我从酒店出发计划的路线是在5号州际公路上，而我现在在101号公路上。现在回头已经太晚了，而且我很了解加州的这个地区，所以我决定继续走101号公路。那台旧的GPS机器严格地遵循着它的程序，不断地对我的决定做出反应和调整。大约 2 小时后（整个行程估计需要 6.5 小时），机器要求我从左边驶出。我不知道该怎么办。我继续了一段时间，但意识到此时我必须做出决定，我迷路了。我应该相信机器吗？我应该继续吗？我决定相信机器，道路变得越来越窄，我对此表示怀疑。我准备掉头回去，因为 GPS 没有提供任何解释。当机器让我往北走，我的疑虑增加了，因为帕萨迪纳在正南方！我在一个加油站停下来，最后问了一群人，我要走 5 号高速公路应该往哪走，他们都一致回答"往北走"，所以 GPS 是对的！

总结一下这个故事，GPS 单智能体程序设计得很好，但是其数据库中包含的地图的网格尺寸非常大（即由大矩形组成），此属性与其自适应机制相结合，导致行程延长了 2 个小时（也就是说，如果你错过了起点，那么 GPS 可以提供一个新的、更长的"最佳"路线）。在加油站访问知识渊博的人（即多智能体方法）有助于增加自信和信任，特别是当给的建议与 GPS 的建议一致时，这也是有能力的系统提供柔性的一个例子。

如何解决 GPS 的这个问题？首先就是系统与驾驶员的交互性。考虑到映射地图网格非常大，当确定某种不可逆转的决定时，无论如何都要在一段时间内提醒驾驶员，直到他确认收到信息为止。另一种解决方案就是在可能的情况下更改地图网格。

5.3 创新就是冒险

人因和人机工程学及人机交互方面的专家近三十年来一直专注于工程可用性的发展。有趣的是，实现系统可用性的最佳方式是标准化。事实上，任何"通用"标准都传达了对系统使用的熟悉程度。相反，创新旨在打破传统标准的僵化，为新标准腾出空间。什么是标准？如何建立标准？标准的生命周期是什么？

标准可以由团体来制定（例如，国际标准组织或ISO是一个由多个国家标准机构组成的国际非政府组织，它制定和发布范围广泛的标准）。一个产品的成功也可能产生一项标准㊀（例如，iPhone在手机上引入了基于手势的用户界面，其他制造商也将这项技术作为一项“标准”）。一个标准的有效性一直持续到创新替代方案被大量用户考虑、认可、指定或采用。因此，创新必须被视为一种突破，并因此被视为一种冒险。

我们在西方社会看到了一种过度保护的趋势，并由此产生了“零风险”的概念。特别是法国，是其姊妹国家中唯一将预防原则㊁写入宪法的国家，尽管这一概念仅被官方用于环境保护。笔者建议从预防原则演变为行动原则（Boy和Brachet，2010）。法国的法律制度也经历了显著的演变，朝着系统地搜捕罪犯的方向发展，只要有某种冒险行为，不管是直接或间接造成的，都会对事件持有怀疑态度。

我们可以问自己，为什么互联网流行得如此迅速？具体来说，互联网是冒险的对立面，它是一种新兴现象，满足了世界各地用户的需求。信息的可访问性已经变得即时、随时、随地，而且所有这一切都很容易。尽管美国国防部自20世纪60年代以来一直在开发Arpanet网络，但是直到1992年互联网才真正诞生，主要得力于欧洲粒子物理研究中心㊂的计算机科学家蒂姆·伯恩斯·李（Tim Burnes-Lee）和罗伯特·卡里奥（Robert Cailliau）的努力。在这里，我们是否可以讨论偶然和必然性？可能可以，因为笔者认

㊀ 这种涌现的概念来自哲学、复杂性科学、系统科学和艺术，当一个系统的属性与其各部分的属性不同时，就被认为是紧急的。

㊁ 在缺乏广泛的科学知识时，创新有可能给人们带来危害，我们需要谨慎，这就是预防原则。

㊂ 核研究中心，位于瑞士日内瓦。

为创造力是一个整合的问题。网络（HTTP，超文本传输协议）是 hypertext（超文本）和 FTP（文件传输协议）的成功结合。许多人在这方面已经研究了很多年。1989 年至 1991 年间，笔者在 NASA 领导了计算机集成文档（Computer Integrated Documentation，CID）项目，在该项目中，我们不仅开发了一个 FTP 连接的超文本前端，还安装了一种机器学习机制，根据交互的成功或失败情况为超文本链接添加情境元素（Boy，1991）。这种机制在搜索信息方面提供了更大的柔性。

偶然性和必然性并不是新生的互补概念。希腊哲学家德谟克利特（Democritus）断言它们是宇宙万物的起源。根据巴恩斯（Barnes）的说法，德谟克利特的术语“机会”应该理解为“目的的缺失”，而不是对必要性的否定（Barnes，1982）。诺贝尔奖获得者雅克·莫诺是分子生物学和现代遗传学的先驱，他对生命起源和物种进化很感兴趣，并提出了整合相关科学数据的新人文主义，他认为人类在宇宙中出现是偶然的且必然的（Monod，1970）。

意外事件的管理是航空业中最重要的安全问题（Pinet 和 Bück，2013），主要涉及偶然性（即不可预见的事件）和必然性（即维持飞机上的安全）。飞行员是处理此类事件和情况的独有资源。例如，2010 年 11 月 4 日，澳航 A380 在引擎爆炸后还能成功降落新加坡，这被证明是一次成功的事故解决典范。其他成功的解决事故也存在一些，比如 2009 年 1 月 15 日，美国航空公司的 A320 客机在失去两个引擎后降落在哈德逊河上；2003 年 11 月 22 日，被导弹击中但安全着陆的 DHL A300 飞机；1970 年 4 月 13 日，因氧气罐爆炸而中止的阿波罗 13 号任务。这些“事故”表明，人们可以成功地管理非常复杂且至关重要的情况，只要有足够的时间，并装备正确有用的功能。这种功能不仅是培训和经验获得的能力，也可以是适当的技术或组织等。此外，这些功能必须一起管理。

这与不确定性管理有关，每当我们必须在不确定的世界中做出决定时，都需要设想未来的情况，并预测如果采取当前计划和适当行动会发生什么。换句话说，我们要么在脑海中模拟可能的未来，要么实现一个原型并使用 HITLS 方法对其进行测试，这将使我们能够观察工作中的系统（即观察活动）。更好地了解未来可能发生的活动是管理不确定性的绝佳方式。

管理突发事件是人类必须置于系统之上的原因，它是维持人机系统整体稳定性和完整性的必要的操作黏合剂。人类必须能够理解这些正在发生的事情（突发事件），然后做出自己的判断并采取适当的行动。这时，创造力是关键。如果没有长时间和广泛的培训，就无法获得这些能力。不幸的是，创造力和遵循程序是相互矛盾的概念，这就是为什么在处理意外的日常情况时，需要更多地关注创造力，而不是坚信法规、标准和程序是唯一能够促进零风险的安全生产资源。

已经说了很多关于 2009 年空客 A320 在哈德逊河上迫降（NTSB，2010）的事情。这次成功的事故解救表明，在纽约市上空失去了所有引擎后，机长超越了监管安全规则，以确保乘客的生命，这是成功的操作。他决定降落在水上，而不是按照空中交通管制的要求返回飞机跑道，这一决定不仅拯救了所有乘客和机组人员，而且也提出了培训飞行员遵循程序的问题，尤其是在一些不可预见的情况下，为了解决问题必须放弃这些程序。从认知的角度来看，遵循程序和解决问题是不同的过程，涉及不同的行为和技能。按照程序执行需要当前情境为所使用程序的有效情境，当情况并非如此时，则可以或者在某些情况下使用其他程序。识别、提出、解决问题，该解决方案即作为新程序应用。

当前，社会技术环境的演变涉及相互矛盾的问题。一方面，我们开发了更多基于人工智能的系统，让那些不是专家的人能够安全、高效、舒适地操作这些系统。另一方面，我们从本书中可知专业知识和经验是处理意外和复杂情况的关键资产。基于人工智能的系统是否会像 2009 年 1 月驾驶飞机的苏伦柏格（Sullenberger）机长那样决定降落在哈德逊河上？这个系统还应该有滑翔机技能。这种跨学科的方法变得越来越重要，因为如今一切都越来越相互关联，人类必须具备从遵循程序转移到不断解决问题的能力。所有这些问题都是开放的，应该通过工程技术的设计柔性加以解决。

5.4 本章小结

如果没有足够的操作知识，就无法获得柔性，这就是基于场景的设计至关重要的原因。定义和开发场景的艺术取决于对本书内容的掌握程度（如图 1.1 所示），以及与其关联的相关专家的实践认知。HSI 是从人因和人机工程学到人机交互，再到复杂系统的设计和管理，再到数字技术向工业 4.0 演变的结果。我们还应该记住，创新是需要不断冒险的。

参考文献

Barnes J (1982) The presocratic philosophers. Routledge & Kegan Paul, London
Boy GA (1991) Intelligent assistant system. Published by Academic Press, London. ISBN 0121212459
Boy GA (1998) Cognitive function analysis. Praeger/Ablex, USA. ISBN 9781567503777
Boy GA (ed) (2011) Handbook of human-machine interaction: a human-centered design approach. Ashgate, UK
Boy GA (2013) Orchestrating human-centered design. Springer, UK
Boy GA, Brachet G (2010) Risk taking: a human necessity that needs to be managed. Dossier. Air and Space Academy, France
Goldstein J (1999) Emergence as a construct: History and issues. Emergence 1(1):49–72. https://doi.org/10.1207/s15327000em0101_4

Lichtenstein B (2016) Emergence and emergents in entrepreneurship: complexity science insights into new venture creation. Entrep Res J 6(1):43–52
Monod J (1970) Le Hasard et la Nécessité: Essai sur la philosophie naturelle de la biologie moderne [Chance and necessity: an essay on the natural philosophy of modern biology]. Éditions du Seuil, coll. «Points Essais». ISBN 978-2-0812-1810-9
Norman MD, Koehler MT, Pitsko R (2018) Applied complexity science: enabling emergence through heuristics and simulations. Emergent behavior in complex systems engineering: a modeling and simulation approach, pp. 201–226
NTSB (2010) Loss of thrust in both engines after encountering a flock of birds and subsequent ditching on the Hudson River US Airways Flight 1549 Airbus A320-214, N106US Weehawken, New Jersey January 15, 2009. Accident Report NTSB/AAR-10/03 PB2010-910403. National Transportation Safety Board, Washington, D.C., USA. https://www.ntsb.gov/investigations/AccidentReports/Reports/AAR1003.pdf. Accessed 26 Oct 2020
Pinet J, Bück JC (2013) Dealing with unforeseen situations in flight—improving aviation safety. Dossier 37. Air and Space Academy. Paris, France. http://www.academie-air-espace.com/upload/doc/ressources/Doss37_eng.pdf. Accessed 12 April 2020
Ritter FE (2019) Modeling human cognitive behavior for system design. In: Scataglini S, Paul G (eds) DHM and posturography, Ch. 37. Academic Press, London, pp 517–525
Rosson MB, Carroll JM (2002) Scenario-based design. Chapter 53. In: Jacko J, Sears A (eds) The human-computer interaction handbook: fundamentals, evolving technologies and emerging applications. Lawrence Erlbaum Associates, pp. 1032–1050
Wallach DP, Fackert S, Albach V (2019) Predictive prototyping for real-world applications: a model-based evaluation approach based on the ACT-R cognitive architecture. In: DIS '19: Proceedings of the 2019 on designing interactive systems conference, pp. 1495–1502

Chapte6 第 6 章

基于模型的人 – 系统集成的柔性

摘要：基于模型的人 – 系统集成（Model-Based Human Systems Integration，MBHSI）扩展了基于模型的系统工程（Model-Based Systems Engineering，MBSE），将 VHCD 与正在开发的系统敏捷有形性集成在一起。本章将介绍 MBHSI 提供的柔性的各个方面。复杂系统处理三种问题和过程：态势感知、具体化和熟悉度。模型可以是预测性的和 / 或基于知识的。当系统内在的复杂性发挥作用时，有助于生成紧急行为和属性，并转化为系统应急功能和结构，这在敏捷开发过程中非常有用。任何复杂社会 – 技术系统都属于系统交互模型（Systemic Interactive Model，SIM）类型的学习系统。本章将提供一种经验驱动的建模方法。

6.1 态势感知、具体化和熟悉度

回到多智能体模式（系统之系统），当我们必须将以前由人类处理的任务交给高性能可靠机器智能体时，可以看到自满（即人类越来越盲目地信任机器）。西德尼·德克（Sydney Dekker）发起了一场关于自满、故意偏见和丧失态势感知的恶性循环性的辩论，他指出自满会导致态势感知的丧失，进而又导致自满（Dekker，2015）。如果我们认真考虑意识和认识之间的区别，那么这场辩论可以很快结束（Boy，2015）。当然，意识包括认知（即一个人对某事的认知），也包括保持清醒（Farthing，1992）。在性命攸关的环境中，尤其是在生命危在旦夕时，保持清醒意味着关注，因此不能自满。自满是注意力和批判性思维的结合，出于这个原因，即使本书中使用“认知”这个词，但在德克（Dekker）的意义上，笔者更喜欢用“意识”一词来指代，也就是 HFE 社区使用了近 30 多年的情境意识的综合概念。

从复杂性科学的角度来看，意识可以看作是人类大脑和整个神经系统中数百万个突触和 50 亿～1000 亿个神经元相互作用而产生的新现象，目前还没有计算机系统可以模拟这种现象。因此，迄今为止，很难正式验证意识的数字模型。然而，由人类构建的一切（即人工制品，也是我们在以人为本的设计中研究的对象）是人类智能的具体表现，无论是物理对象还是抽象对象（即认知对象或具象对象）。根据皮埃尔·尚热（Jean-Pierre Changeux）的研究，在人类的进化过程中，大脑连接的复杂性已大大增加。他主张人类大脑的达尔文遗传进化与社会进化相结合，导致了艺术生产的进化（即艺术生产被解释为脑外记忆）。他还认为，人脑不是海绵状物体，而是可以不断地设想、检验假设、探索、组织和参与社会交流（Changeux，2008）。因此，在奥卡宁（Ochanine）意义上，意识必须被视为一个高度非线性的动态过程，它不断地产生和更新我们周围世界的操作图像，无论是物理的还是认知的（D.Ochanine，1981）。

情景的复杂性必须从外在和内在两个方面加以分析。例如，在航空领域，飞行员的思维模式是通过训练、经验和技能逐步构建的，这些心理模型的成熟度直接影响 HSI 的柔性。更一般地说，当我们想要分析和评估态势感知（即内在贡献）时，操作员的专业知识起着重要作用。此外，对操作情况进行建模是非常重要的，例如在航空中，可以更好地理解所涉及的各种人和机器智能体之间的相互作用（即外在贡献）。因此，需要专家人类智能体（例如航空实验试飞员）的专业知识和经验来定义和验证得到的多智能体模型。

此时，我们需要着重解释本书所说的复杂性是什么意思。首先，复杂性的相反概念不仅是简单性，还包括熟悉度。当我们从熟悉的地方搬到世界的另一个地方时，不管怎样，我们总是发现这个新地方很复杂，难以理解和管理。然而，在这里待了几个月后，我们开始熟悉许多之前未知的背景细节，并开始熟悉复杂的环境。熟悉会降低对新地方的感知复杂性，换句话说，观察者越来越熟悉出现的认知模型，一旦了解了这种“熟悉”的情景意象，就取决于我们如何使用它（即它可能位于大脑的潜意识或意识层面，有时则体现在感官中）。例如，专业舞者通过强化训练学会了跳跃、旋转，所以他们在表演这些动作时不会有意识地思考，只需要从战术和战略的角度关注更复杂的活动。

专业知识和熟悉度（即内在贡献）不足以描述如何感知情景的复杂性。我们需要理解和处理另一种类型的复杂性，还必须分析和理解可用情景的复杂性（即外在贡献）。例如，如果飞行员不了解飞行物理学和气象学，他就无法飞行，他必须对环境的外在情景有切实的感知和理解。这就是我们最常用的态势感知，即对可用情景的感知、理解和预测。应该注意的是，这并不能消除在设计时进行可用性测试（Nielsen，1993）以改善可用情景的需要。

6.2 预测模型与知识模型

是时候弄清楚“模型”一词的含义了，建模是基本的方法论问题，它可以基于两种类型的方法（如图 6.1 所示）：

- ❑ 基于模拟的反应性和预测性方法；
- ❑ 基于知识获取和学习的有意识且经验驱动的方法。

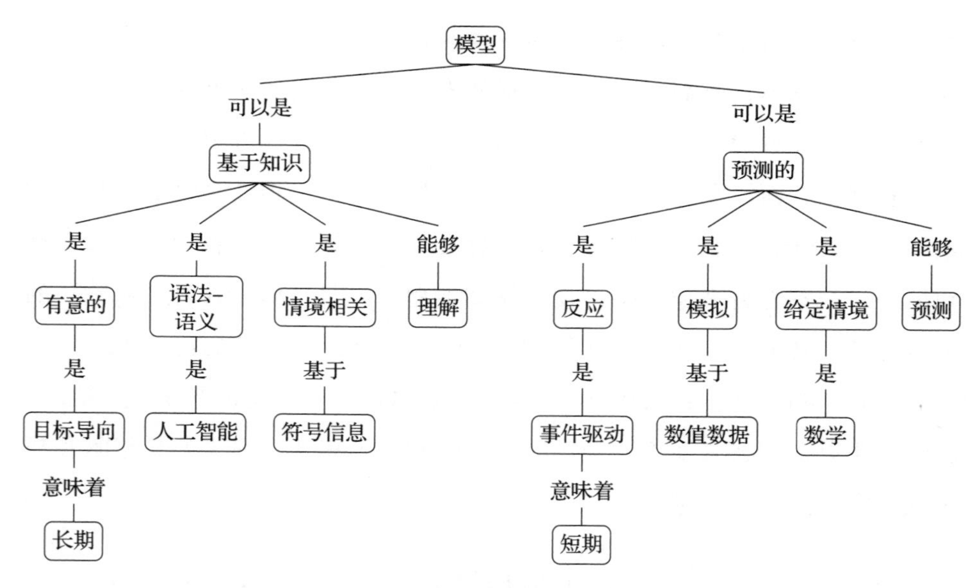

图 6.1　各类模型及其属性

预测方法必须在短期内实施。当采用基于数学方程和数值数据的方法时，预测必须给定情境中的约束和限制。在这种情况下，预测可以表示为一种因果导数，它考虑了刚刚发生的事情和基于过去经验的模型。例如，当一种现象以曲线的形式表示时，对接下来会发生的事情的预测可以通过曲线的切线（即感兴趣点处的导数）来表示。但是，不能沿着切线走得太远，否则将与曲线真值有很大偏差。此外，当这一现象较为复杂时，其非线性数学模型一般对输入和初始条件高度敏感。然而，因果预测并不是唯一的反应性和预测性方法，也可以使用已建立参数的自适应数学模型。在这些参数中，初始条件发挥了关键作用，尤其当模型高度非线性时，不好的初始条件可能提供错误的结论。以下给出一个示例。

在2019年12月暴发新冠肺炎疫情后，研究人员使用了几种模型，产生了各种各样的预测。例如，在2020年3月中旬，新冠肺炎疫情初期，伦敦帝国理工学院著名流行病学家尼尔·弗格森（Neil Ferguson）教授预测：如果政府没有采取任何行动，英国卫生系统在未来几个月内将面临超过50万人的死亡，美国将有220万人死亡（Adam，2020；Ferguson等，2020）。政府别无选择，只能实施封锁政策。如何使用数学模型和当时可用的原始数据来预测这些数字？同时还面临如下问题：这些模型的价值是什么，应该如何使用？由于它们的非线性特性，这些模型的预测结果与实际情况出现了很大的差异。罗达（Roda）和他的同事（2020）表明，如此大的差异是由于使用模型校准的确诊病例数据的不可识别性造成的。更普遍地说，认为建模可以预测确切数字是错误的，而且需要补充的是，模型预测只能在短时间内是可信的，主要原因是系统要考虑的参数如此之多且与情境相关，以至于我们几乎总是会错过其中一些必不可少的参数。在新冠肺炎疫情案例中，预测模型是无效的，相比之下，基于知识的模型对于理解整体情况要有效得多。

让我们举一个例子：SEIR流行病学模型（Kermack和McKendrick，1927），遵循了1918～1919年间西班牙流感的分析。这是一个典型的知识模型，它涉及代表4种人群的4个方程和4个变量：易感（S）、暴露（E）、感染（I）和痊愈（R）。

$$\frac{\mathrm{d}S}{\mathrm{d}t} = -\beta \cdot I \cdot \frac{S}{N}$$

$$\frac{\mathrm{d}E}{\mathrm{d}t} = \beta \cdot I \cdot \frac{S}{N} - \partial \cdot E$$

$$\frac{\mathrm{d}I}{\mathrm{d}t} = \partial \cdot E - \gamma \cdot I$$

$$\frac{\mathrm{d}R}{\mathrm{d}t} = \gamma \cdot I$$

其中，N 为研究人群中的个体总数，β 为传播率（I 类中感染者接触易感者并感染他们的比率），γ 为诊断率，∂ 为恢复率（感染者在 I 类中康复并获得免疫的比率）。比率 $R_0 = N \cdot \beta/\gamma$，最简单的形式[㊀]是感染者在康复前引起的新感染的平均数，称为基本繁殖数。当 $R_0 > 1$ 时疫情暴发，当 $R_0 < 1$ 时疫情可以忽略不计，根据 R_0 的大小，可判断大流行发展速度的快慢。在2020年秋季使用SEIR模型模拟新冠肺炎疫情，得到如图6.2所示的4个SEIR变量随着时间变化的情况。

为什么在新冠肺炎疫情这个非常具体的案例中，对疫情演变的模型预测会在公众和科学界引起公开的争论？主要是 R_0 将决定疫情部署的速度和规模。例如，当来自其他地区的人进入一个地区时，或者当无症状感染者在不知情的状况下将病毒传播给其他人时，R_0 可能会迅速变化。如果没有足够准确和完整的数据，那么使用这种模型是没有意义的，因为它的非线性部分会因为初始条件的小变化导致输出的大变化。事实上，尽管这个数学模型很复杂，但它完全取决于初始条件和输入的 R_0。更普遍地说，这种类型的模型更具描述性（即它应该用于理解现实世界的数据），而不是预测性。

㊀ 更复杂的 R_0 形式可以基于几类感染的分离（轻度、重度、严重），并包括一个人从一个等级转移到另一个等级的概率。因此，R_0 更完整的数学描述为 $R_0 = N \cdot \frac{\beta_1}{p_1+\gamma_1} + \frac{p_1}{p_1+\gamma_1} \cdot \left(N \cdot \frac{\beta_2}{p_2+\gamma_2} + \frac{p_2}{p_2+\gamma_2} \cdot N \frac{\beta_3}{\mu+\gamma_3}\right)a$，其中 p_1 为类别 I_i 中感染个体进展到类别 I_{i+1} 的比率。

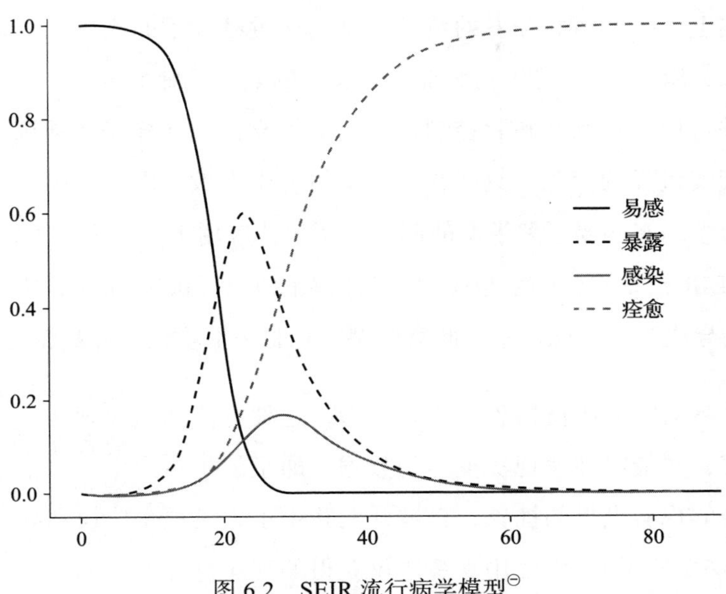

图 6.2 SEIR 流行病学模型[㊀]

因此，这种类型的模型可以用作监测研究领域内可观察数据的框架（例如用于实时验证适当药物的影响）。这同样适用于个人和集体保护措施的有效性（例如口罩和 PCR[㊁]测试以降低 R_0）、重灾区（集群）的位置、比其他人了解更多的医生的创造力、专业知识和经验的使用等。正是这种定性特征（例如图 6.2 中“暴露”和“感染”曲线的流行病学钟形）使得跟踪疫情演变成为可能。此外，当时机成熟时（例如当“暴露”钟形曲线下降的速度足够快时），可以预测疫情可能会结束。我们又回到了这些模型的定性价值，它们是解释可用情景数据的有用指导框架。

㊀ 这些曲线来自亚当·阿卜丁（Adam Abdin）主持的学术项目，并在 2020 年 4 月 30 日的巴黎中央理工－高等电力学院研讨会期间展示（Abdin，2020）。

㊁ 聚合酶链反应（Polymerase Chain Reaction，PCR）是一种快速且廉价的技术，用于“扩增”DNA 的小片段。由于分子和遗传分析需要大量的 DNA 样本，如果没有 PCR 扩增，那么对分离的 DNA 片段进行研究几乎是不可能的。

事实上，一个巧妙开发的数学模型，通过经验不断完善，可以指导实验。例如，SEIR 模型可以作为监测疫情（例如新冠肺炎疫情）演变的定性指南，并可用作控制和解除控制过程的决策支持。同样需要强调，任何模型都是现实世界的简化，只能在其定义情境中有效。因此，为了能够正确地使用模型，有必要了解模型的起源。例如，应用于老年人（例如 70 岁以上）的 SEIR 模型不会产生与应用于年轻人的模型相同的结果，需要以不同的方式指导决策。因此，基于此类模型的先验去情境化估计是没有意义的。

经验驱动的方法植根于现实和模型，这种方法基于对现实、专业和知识的观察，并最终理解现实世界的数据，即了解正在发生的事情。模型是它所代表的现实世界的抽象，它被开发并用于定义观察协议和导出预测数据（如图 6.3 所示）。将使用观察协议获得的现实世界的数据与基于模型的预测数据进行比较，以解释潜在的偏差，然后使用推演的解释来修改模型，重复这种基于模型的迭代过程，直到找到现实世界的数据和基于模型的预测数据之间令人满意的匹配结果。

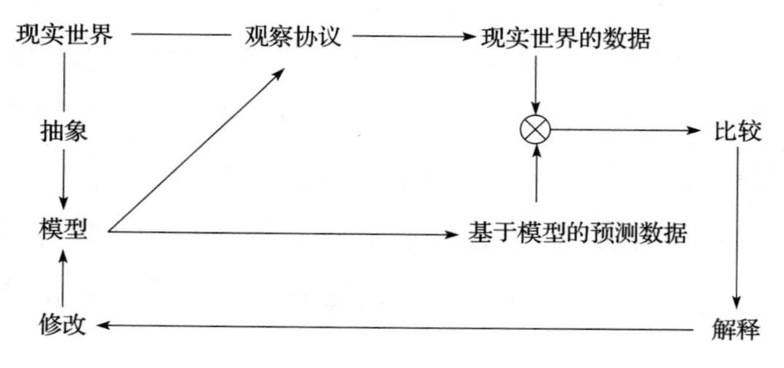

图 6.3 经验驱动的建模方法

在新冠肺炎疫情案例中，大多数流行病学家使用了 Kermack-McKendrick 的数学模型，该模型显然可以用于预测（即基于模型的数据预测），但是如果没有合适的方法和手段获取现实世界的数据，那么预测任何事情都是冒险的，甚至是危险的。

因此，经验驱动的模型对于合理化和更好地理解它们所代表的潜在现象是必要的，只要它们不断适应现实世界，更具体地说，即根据最初的假设，它们需要时间来验证模型的有效性。它们是理论模型，需要实践检验。

从系统工程的意义上来说，经验驱动的建模方法包括测试假设和以敏捷的方式逐步验证模型两部分，也就是俗话说的对现实和经验的观察。经验的概念有两层含义：一是在特定领域以知识和专有技术的形式获得和积累的经验；二是在实验意义上即时有前瞻性的经验。经验驱动的方法是经验性的，需要对证明内容进行假设。还应该注意的是，当基于经验的模型在给定的情境中有意义时，它们可能包括预测模拟模型（例如流行病学钟形曲线）。

使用 Kermack-McKendrick 的数学模型作为指导[⊖]来跟踪疫情的演变，更具体地说，是每天检测到阳性人数的动力学曲线（图 6.4 显示了新冠肺炎疫情的这种演变）。

很明显，图 6.4 中显示的现实世界数据与图 6.2 中显示的“暴露”和“感染”曲线相比波动很大，但是，经过高频滤波后的曲线与钟形曲线的总体形状是一致的。因此，该模型定性地描述了疫情的进展情况（即钟形曲线），并给疫情控制提供了极好的指导。这种经验驱动的方法能够对 SEIR 模型方程（见上文）的表达参数进行迭代（即日复一日）识别和确定。

⊖ 复杂性科学展示了吸引子（attractor）的定性价值。图 6.2 中显示的“暴露”和“感染”曲线形状可视为吸引子，可用作跟踪日常疫情数据的定性指南。然而，这些形状可能因疫情不同而有区别，这就是模型在面对未知时的困境。

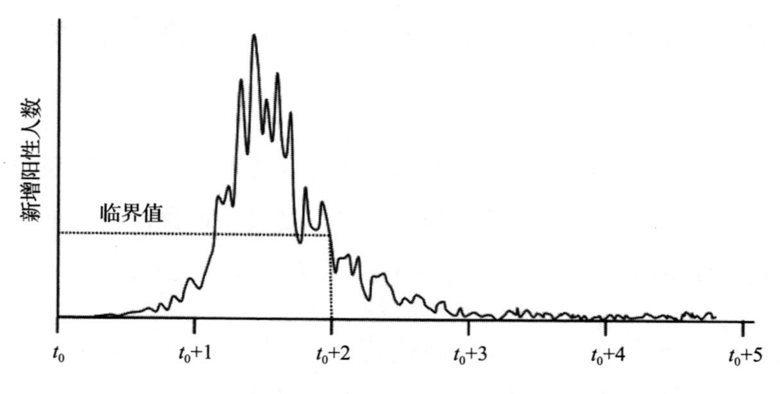

图 6.4　显示从 t_0 到 $t_0 + 5$ 个月每天新增阳性人数的示例

因此，在使用时明确基于模型方法的类型至关重要，即该模型是用于预测未来，还是更好地理解正在研究的现象。事实上，图 6.4 可以使用两种方式：用于知识获取，以及在掌握足够的动态情境时用于预测。

我们可以看到，使用图 6.4 中根据现实世界的数据绘制的曲线，遵循 Kermack-McKendrick 的模型形状，并能够确定大约在 $t_0 + 1.5$ 左右时出现拐点（即新增最大数量的阳性人数），以及感染人数降到可忽略不计时的时间。

通过每天维护和使用这条曲线，还可以确定疫情什么时候结束。通常，在 $t_0 + 2$ 左右，我们可以建立一个阈值，根据曲线的演变情况，预计阳性人数将在大约一个月内接近零。因此，根据这种基于模型的方法和在特定情境中获取的数据，做出明确的决定。这显示了基于理论知识模型的先验预测方法与基于经验的方法之间的差异，它能够积累特定领域的数据，有助于模型参数的迭代识别（如图 6.4 所示），从而实现更可靠的预测。

但是，我们需要谨慎使用基于模型的方法，尤其是建模非常复杂的系统时。事实上，系统的复杂性不应随着模型的简化而被忽视，而应加以实验探索。熟悉一个复杂系统通常意味着与系统交互过程的简化。正如我们已经说过的，为了能够分别研究系统的某些组件，理解它们的可分离性至关重要。由于本书侧重于复杂系统的柔性及其自主性，我们需要更好地理解其活动是如何产生新兴现象的。

事实上，在2020年5月至7月撰写本书的初稿时，法国第一波新冠肺炎疫情的严重程度正在下降。然而，没有人能够真正预测接下来会发生什么，即使就是很短的时间，比如到年底。很多人都在猜测，但没有人知道！那么，关于人们健康的具体问题则是：

- 采取哪些步骤来避免复发？
- 应该避免旅行吗？
- 如何保护自己和他人？
- 如何帮助医务人员更好地预测和管理这场多方面的危机，包括对所有人而言的潜在经济危机？
- 是否有几个有用的模型？哪些是应该考虑的？
- 如何使用它们？

此外，建模并不妨碍建模者调查他们想要建模的广度。在新冠肺炎疫情案例中，德威克（De Weck）及其同事（2020年）提出了一个扩展的系统模型，除了纯医学疫情模型之外，还包括经济、金融和社会系统。换句话说，他们提出了一个与决策者相关的系统之系统模型（即多智能体模型）。同样，一个主要问题是参数的数量和这些参数之间的相互联系，更重要的是，由于不了解或不熟悉所考虑系统的复杂性，是否考虑了系统的关键参数。

最后，必须承认的是我们更倾向于信念的逻辑，而不是真理的逻辑。这是为什么呢？原因很简单，因为在基于模型的方法中，我们有一个引入主观性而使数据有意义的解释过程，因此有相当数量的基于经验的信念。

主要问题是，是否应该从一开始就把信念作为复杂性探索和熟悉过程的基础，还是将其留给基于数据的真理逻辑的最终解释。例如，信念修正理论（信念改变、动态信念）是 20 世纪 80 年代人工智能社区中诞生的研究领域。乔恩·道尔（Jon Doyle）将其定义为所谓的真理维护系统（Doyle，1979）。最近，信念修正的逻辑重新引起了人们的兴趣（斯坦福哲学百科全书）。

6.3 突发情况和学习系统

多智能体系统（即系统之系统）是一个有生命的实体，可以根据自己的经验进化。换句话说，系统从它的经验中学习。通过组成系统之间的相互联系来识别系统之系统的复杂性。例如，通过激活百万到十亿个链接神经元所引起的大脑活动，可以将其视为系统，并产生一种叫作意识的现象。应急行为是现象整合的结果，这些现象涉及从原子元素（例如神经元）到更宏观结构（例如大脑）的系统。应急处理过程是自下而上的，应急行为的实施往往需要识别对应的突发属性。

人在回路仿真为观察和发现这些应急行为提供了坚实的基础。这些模拟可以测试正常、异常和紧急等多种情况，而这在现实世界中通常是不可能的。我们将紧急现象视为需要识别的系统影响，并且需要与正在研究的系统之系统相结合，如图 6.5 所示。

突发情况是系统拥有的一种现象或属性，但不一定是它的组件（即它的子系统）。系统的突发特性是观察到的，并且通常被发现为系统行为。例如，一个移动物体的系列运动源于推进系统的动力，这有助于克服多种运行阻力。突发现象往往发生在多个已投入运行的系统整合后。例如，一个生物有机体的生命源于几个共生集成系统的活动。不断识别和掌握系统所具有的突发现象和属性，促使其成熟度的发展。也就是说，只有当意识到系统相关部分的集成产生了应急能力，我们才知道我们有能力做某事。例如，只有在实际完成后才能知道自己有能力攀登南比戈尔峰（Pic du Midi）[1]，为此，必须正确整合系统意义上的所有人力和技术能力，如体力、高山技能、必要的技术对象等。

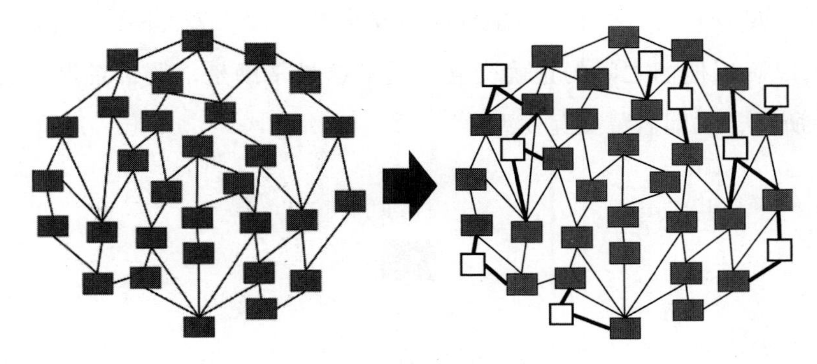

图 6.5 通过观察突发现象来识别隐藏系统（白色）

至此，我们更好地理解了为什么 HSI 不仅需要任务分析，更重要的是需要准备（例如人在回路仿真）、训练、渐进式测试等形式的逐步活动分析。活动分析还有助于更好地识别构成系统操作范围的约束条件，且必须将这些表示为要满足的约束条件集成到系统中，从而提高系统的成熟度。从这个意义上讲，系统是在不断地学习的。

6.4 系统交互模型

现在，让我们进一步了解系统或智能体如何能够在一个系统之系统（即多智能体系统）中相互交互。让我们考虑3种类型的组织（Boy,

[1] 南比戈尔峰是法国比利牛斯山脉的一座山。

2013)，即系统交互模型（SIM）：

- ❑ 监督；
- ❑ 调解；
- ❑ 合作。

两个或多个互不认识的智能体（即彼此很少了解或根本不了解）需要外部帮助以确保他们之间的正确交互。通常这种帮助是由监督者提供的，如图 6.6 所示，此即监督交互模型。

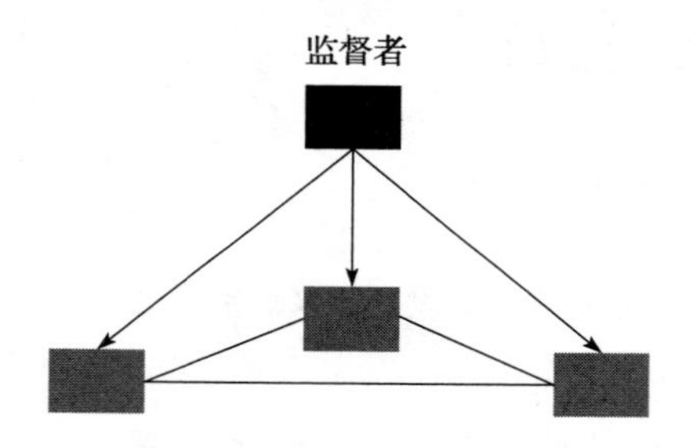

图 6.6　监督的系统模型，知识和技能是监督者的财产，其他人是遵循监督者指示的执行者

图 6.7 显示了调解的系统模型，其中两个智能体群体或系统之系统 A 和 B 使用一组调解器来相互交互。例如，两个国家通过外交官翻译传达彼此的意愿实现互动。外交官构成了一个调解层，可以进行双向翻译传达。另一个例子是计算机的图形用户界面，它构成了计算机与其用户之间的调解层（例如操作桌面）。

图 6.8 显示了第三种 SIM 是合作方式。每个系统都可以通过其组织环境的社会认知操作图像来理解其环境，从而理解其周围的其他系统。系统对其环境的理解模型随着时间的推移而演变。换句话说，任何与其他系统

合作的系统都会从其他系统的行为中学习，这种学习是通过实践进行的。这就是人类在与他人互动时通常会做的事情，学习是为了将来更好地互动。这种学习可以通过先验模型和/或通过不断试错修改初始模型来形式化表达。在皮亚杰（Piaget）（1936）的意义上，我们可以谈论同化和适应的过程。在人工系统（即机器）中，算法可以通过连续的功能和结构转换，以及模型的调整来实现计算机的同化和适应，以了解系统的环境。

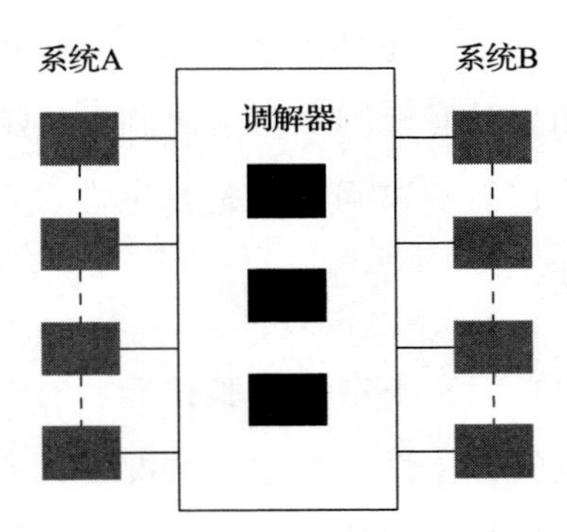

图 6.7　调解的系统模型

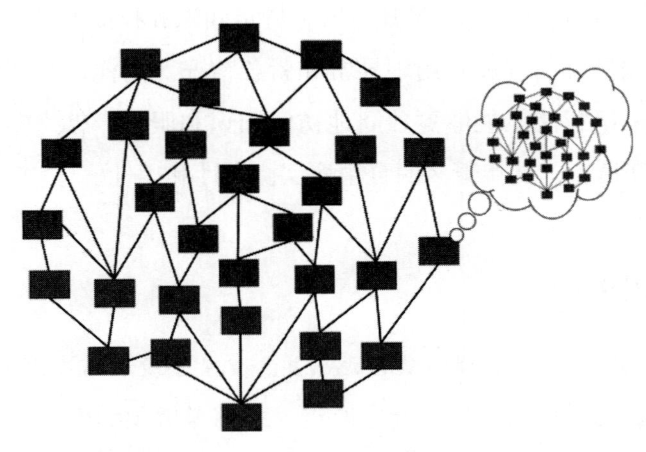

图 6.8　合作的系统模型：每个智能体或系统都有其环境的“心理”模型

合作的系统模型不仅会涉及智能体 / 系统形式化的问题，还会涉及用于构建每个系统内部“智力”模型的机器学习技术。智力模型的概念源自认知心理学。智力模型给出了在给定的环境中执行给定的动作会发生什么的概念。智力模型的概念广泛应用于认知工程和人机交互（Boy，2003）。

在 3 种 SIM 中，系统可以是人也可以是机器，例如在监督 SIM 中，监督者可以是人也可以是机器；类似地，在调解 SIM 中，调解器可以是人和 / 或机器。SIM 系统，无论是人还是机器，都将在适用于当前环境时，遵循预先准备好的程序，如果没有，则实时解决问题（如图 2.1 所示）。这里说的执行程序是指自动化，而解决问题则是自主性。因为自动化是预先确定的，所以必然是僵化的。

自主性来自深厚的知识和丰富的经验技能。有时，人或机器构成的单系统可能无法提供完全的自主性，在这种情况下，有必要调用其他系统来弥补解决给定问题所需的知识和技能。正是在这种情况下，系统的合作模式才具有意义。值得注意的是，其他两个系统的交互模型也很有用。一个“已知的”系统有时可能会监督其他缺乏特定知识和技能的系统，比如监督者提出已经编制好的程序，用于异常和紧急情况。同样，当调解服务可用时，可以使一组智能体能够更独立地访问知识和服务。FlexTech 正是基于这些系统交互模型，支持更多的自主性、协调性和柔性。

6.5 本章小结

HSI 的柔性取决于基础模型的成熟度。复杂系统通常不能简化为模型，其依赖于系统的熟悉度和持续开发改进。我们考虑预测模型和描述模型两种模型，了解它们各自的作用至关重要。识别复杂系统的突发属性是一个基于经验模型的关键过程。人机系统监督、调解和合作交互模型可支持HSI研究并进一步设计越来越自主、协调和柔性的社会－技术系统。

参考文献

Adam D (2020) Special report: the simulations driving the world's response to COVID-19—how epidemiologists rushed to model the coronavirus pandemic. News feature. Nature (April). https://www.nature.com/articles/d41586-020-01003-6

Abdin AF (2020) Pandemic disaster preparedness model for optimal allocation of testing and hospitalization resources: the case of COVID-10. LGI seminar on safety and risk of complex systems. CentraleSupélec, Paris Saclay University, France, April 30th

Boy GA (ed) (2003) L'Ingénierie Cognitive: Interaction Homme-Machine et Cognition [The French handbook of cognitive engineering]. Hermes Sciences, Lavoisier, Paris

Boy GA (2013) Orchestrating human-centered design. Springer, UK

Boy GA (2015) On the complexity of situation awareness. Proceedings of the 19th Triennaial Congress of the International Ergonomics Association. Melbourne, Australia

Boy GA (2021) Model-based human systems integration. In: Madni AM, Augustine N (eds) The handbook of model-based systems engineering. Springer, USA

Changeux JP (2008) *Du vrai, du beau, du bien: Une nouvelle approche neuronale* [About truth, beauty and good: a new neuronal approach]. Editions Odile Jacob, Paris, France. ISBN-13: 978-2738119049

Dekker SWA (2015). The danger of losing situation awareness. Cognition, Technology and Work. https://doi.org/10.1007/s10111-015-0324-4

de Weck O, Krob D, Lefei L, Chuen Lui P, Rauzy A, Zhang X (2020) Handling the COVID-19 crisis: toward an agile model-based systems approach. Syst Eng J (Wiley, USA). http://doi.org/10.1002/sys.21557

Doyle J (1979) A truth maintenance system. Arti Intell 12:231–272

Farthing G (1992) The psychology of consciousness. Prentice Hall. ISBN 978-0-13-728668-3

Ferguson NM, Laydon D, Nedjati-Gilani G et al (2020) Impact of non-pharmaceutical interventions (NPIs) to reduce COVID-19 mortality and healthcare demand. Imperial College London (16-03-2020). https://doi.org/10.25561/77482

Kermack WO, McKendrick AG (1927) A contribution to the mathematical theory of epidemics. The Royal Society Publishing. Republished by G.T. Walker, Proc R Soc Lond A115700–721. https://doi.org/10.1098/rspa.1927.0118

Nielsen J (1993) Usability engineering. Academic Press, Boston. ISBN 0-12-518405-0

Paris I Seminar (1981) Operative image (in French). Actes d'un séminaire (1-5 juin) et recueil d'articles de D. Ochanine. Université de Paris I (Panthéon-Sorbonne), Centre d'éducation Permanente, Département d'Ergonomie et d'Écologie Humaine

Piaget J (1936) Origins of intelligence in the child. Routledge & Kegan Paul, London

Roda WC, Varughese MB, Han D, Li Y (2020) Why is it difficult to accurately predict the COVID-19 epidemic? Infect Dis Model 5:271–281

Stanford Encyclopedia of Philosophy. Logic of Belief Revision. First published Fri Apr 21, 2006; substantive revision Mon Oct 23, 2017 (retrieved on July 5, 2020: https://plato.stanford.edu/entries/logic-belief-revision)

Chapter7 第 7 章

不可避免的有形性问题

摘要：虚拟以人为本的设计（Virtual Human-Centered Design，VHCD）是基于人在回路仿真的数字化设计。如今，可以在系统全生命周期的早期阶段探索和考虑人的因素，但该方法仍然局限于虚拟环境。因此，必须考虑正在开发系统的有形性，然后再认真考虑 VHCD 的有形过程。更具体地说，设计过程及其解决方案的文档记录对于此类有形性问题至关重要。设计卡片支持构建结构设计原理及经验知识重用。同时，我们需要一个能够访问过去经验，并解决手头问题的方案框架。从基于模型的系统工程（MBSE）到基于人在回路仿真的系统工程（Simulation-Based Systems Engineering，SimBSE）的演变，离不开多智能体方法的支持，也必须考虑人类和机器间的交互。本章将介绍有形性问题及其度量相关的演变设计与颠覆性设计方法。

7.1 虚拟性、有形性和设计柔性

由于数字建模和仿真技术的进步，以人为本的设计（HCD）已成为可能。从系统设计的开始就可以在模拟器中观察人类和机器智能体的活动和行为，这对 HSI 来说是一个重大的进步。我们将使用人在回路数字化仿真的设计过程称为虚拟以人为本的设计（VHCD）。虽然现在可以在系统生命周期的早期阶段探索和考虑人为因素，但该方法仍然局限于虚拟环境。因此，必须考虑正在开发的系统的有形性。图 7.1 显示了 VHCD 的实体成形过程。

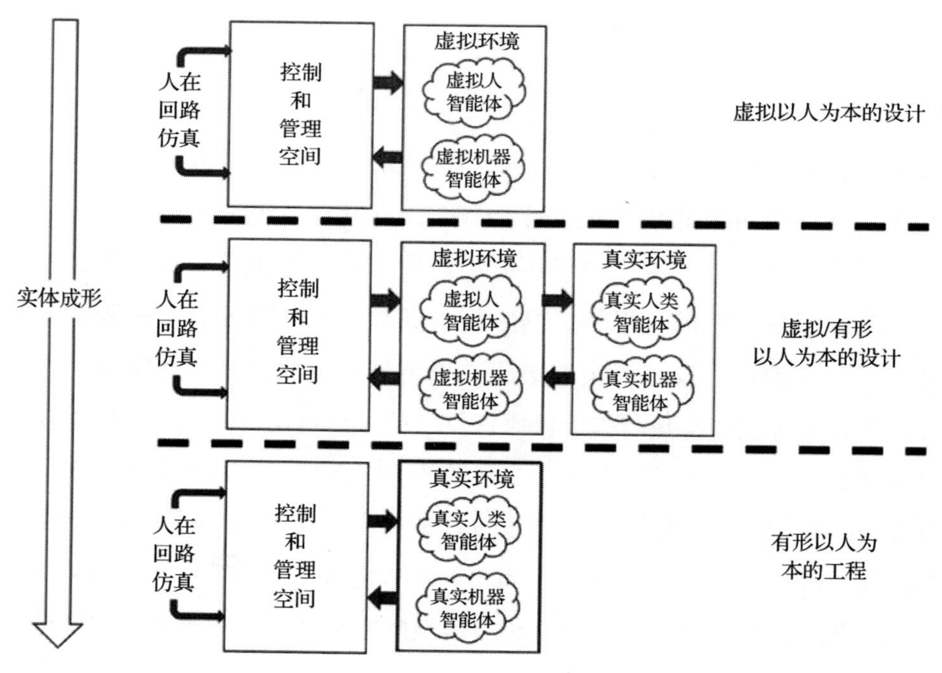

图 7.1　三个阶段的实体成形过程：从虚拟到有形化

图 7.1 中的术语“控制和管理空间”是通用的，可以指控制室、驾驶

舱或车辆模拟器等。假设我们处于由人或机器构成的多智能体环境中，首先是设计过程中将参与系统控制和管理的人置于一个逐步有形化的虚拟系统（即逐渐用物理子系统取代虚拟子系统）。

假设目标是设计和开发一组机器人来代替远程工业平台上的人员。首先开发操作室，在那里真正的操作员将与模拟器进行交互。该模拟器具有虚拟移动机器人车队及虚拟工业交互平台。在这个环境中的相关人员的活动将被观察和分析。根据活动分析结果，通过结构和功能修正，逐渐实现网络物理模拟器的有形化（即逐渐从虚拟仿真场景转移到物理场景）。该VHCD过程将持续进行，直到满足适当的有形性标准为止。

7.2 从MBSE到基于人在回路的SimBSE

MBSE是一种专注于创建和利用领域模型作为工程师之间中介工具的方法，它超越了基于文档的信息交换（Long和Scott，2011）。

MBSE始于需要解决问题的陈述，即系统级要求的集合。然后将问题分析转化为系统必需的功能行为，接着这些功能行为再转换为合适的物理组件（结构）。最后，对系统进行测试，以确保其性能满足要求。

复杂系统工程的一个主要问题是在这些系统中的一个或多个原型制作完成后对其进行变更，甚至在开发完成后进行变更。如何保证系统更新？在一个系统之系统内，分析系统变更的影响及传播是极其困难的，且不可能手动跟踪和执行。MBSE的创建和开发考虑了这些变化及其在复杂系统中传播的影响。正是出于这个原因，可以使用系统模型来满足系统变更的可追溯性和维护需求。

系统变更来自多种原因，例如系统简化表达，导致它与所表征的现实世界的差距。物理和/或具象的有形性指标被用来估计这种差距（Boy，2016）。在系统有形性的不同属性中，成熟度成为选择其具体属性的重要依据。同时，系统表征的稳定性，即其对变化的弹性，也是需要考虑的因素。我更喜欢使用稳定性的概念而不是弹性的概念（Hollnagel等，2006；Dekker和Lundström，2007；Hoffman和Hancock，2017），因为它有助于表达被动和主动的稳定性（Boy，2013和2016）。换句话说，所选择的系统表征应该能够根据来自模型表达的现实世界的经验反馈进行修改。本书讨论的是与变化相关的系统表征的柔性。从这个意义上说，作为系统工程的一个维度概念，系统表征可以与人工智能中的知识表示相结合。在下一节中，我们将看到敏捷方法如何成为系统开发具体迭代过程的驱动力，即在每个开发阶段考虑系统表征的成熟度、稳定性和柔性。

如前文所述，数字孪生的概念是这种方法的核心，因为它不仅可以模拟所代表系统的行为，还可以连接设计的物理系统版本。在早期发展的主动设计文档（Active Design Document，ADD）之后，设计卡（Design Card，DC）已经解决了数字孪生版本的管理问题（Boy，2005和2016）。

DC包含它所代表系统的设计历史。DC的多个版本是逐步生成和完善的，设计团队的任何成员都可以随时追溯这些版本。DC的可追溯性已经在作者之前的书籍中描述过（Boy，2016）。它的主要功能是增加设计团队内部的主体能动性，比如设计团队成员之间的相互理解。

DC有四个方面（如图7.2所示）：

❑ 合理化空间，根据设计理由、集成和要求描述设计系统的各个组件，该空间包括陈述性和程序性声明形式的描述。

- 活动空间，即当前可用的虚拟原型系统，它包括静态和动态功能，该空间允许人在回路仿真的虚拟系统。
- 结构空间，可以访问所表示系统的结构之结构，其中不同的组件及其相互关系被描述为系统之系统。
- 功能空间，可以访问所代表系统的功能之功能，其中根据所涉及的程序性知识和动态过程来描述各种功能，包括定性和定量的物理和认知模型。

结构空间	合理化空间
活动空间	功能空间

图 7.2　设计卡

给定的 DC 表示在给定的时间点和给定的设计团队成员（Design-Team Member，DTM）情况下的系统设计状态。它由 DC（t，DTM_i）表示，其中 t 是时间，DTM_i 是设计团队的成员 i（注意，这可能是一个人，也可能是一群人）。DC 为设计者提供了一个框架，用于在合理化空间中描述系统的不同组件；用于在虚拟活动空间中显示和操作它们；用于描述和使用导航和控制功能以更好地概念化正在开发的系统，即在物理和形象上寻求更多的有形性；并在评估正在设计的系统后，根据需要填充评估空间。

DC 支持解决诸如地理分布很远的小组专家的沟通障碍、改进和 / 或监控技术发展、人员流动，以及缺乏设计过程文档的相关问题。DC 在设计过程中逐渐生成，并在系统的整个生命周期中不断更新。当 DC 被定期记录下来时，所涉及的人员只需要很少的时间来使用和维护。由于整个设计团队共享态势感知，因此节省的时间弥补了这一额外的时间消耗。因此，DC 的质量决定着设计的质量。

“我们的想法已经清楚地表述出来了……”这句来自尼古拉·布瓦洛（Nicolas Boileau）[㊀]的名言，这里可以再次引用：“设计就是写作，写作就是设计！”在复杂系统工程中，“写作”意味着“产生一种系统表征”。

在HCD中，我们需要以柔性的方式表示人或机器系统。DC还支持案例生成，类似人工智能中广泛发展的案例推理（Case-Based Reasoning，CBR）。案例的概念也常用于工业、法律和医学等各个部门，通常被认为是一种分类手段，即通用案例。因此，它提供了认知能力和社会心理上很大的柔性。

柔性是一种属性，它使我们能够应对不断变化的环境，以原创和创新性的方式思考问题和任务，并在给定范围内修改现有的系统模式。当意外事件发生或情况变得非常复杂和紧张时，这种柔性要求通常是必要的，即根据具体情况做出决定来改变事态的位置、观点和/或承诺。柔性可以从两个角度考虑：

- 认知能力，即在调动注意力或推理资源方面流畅地、顺序地和/或并行地处理概念的能力；
- 社会心理，即适应某种情况和更普遍的环境要求的能力，以及平衡生活需求和参与行为的能力。

总的来说，我们需要一个能够访问过去的经验，并创建解决手头问题方案的框架。这就是我们所认为的，通过多智能体方法才能实现从MBSE到基于人在回路仿真的SimBSE的演变。同时，我们必须考虑人类智能体和机器智能体之间的交互。图7.3显示了SimBSE框架如何支持人－系统集成。

㊀ 法国诗人和评论家布瓦洛（Nicolas Boileau-Despréaux）（1636 ~ 1711），帮助改革了法国诗歌。

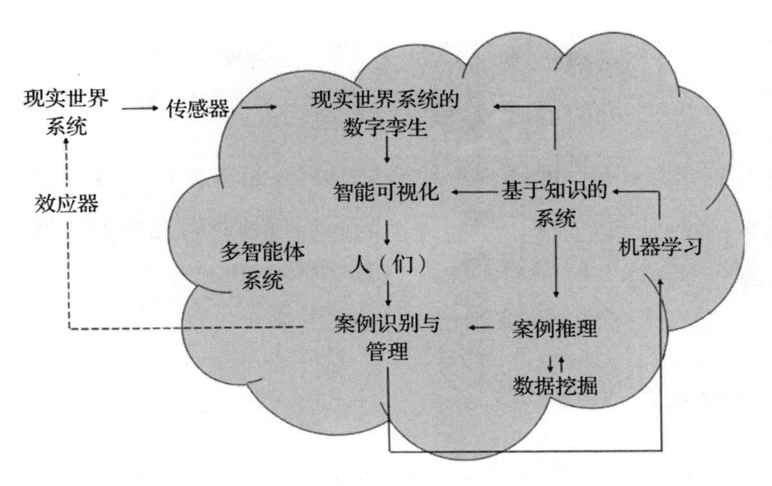

图 7.3 SimBSE 作为信息工作流

我们已经知道，数字孪生的概念涵盖了正在设计和开发的系统的建模和仿真。除此之外，它使设计团队能够更好地理解和掌握真实的、可用的、感知的、预期的、重要的（或理解的）、期望的和预测的（例如测试假设）情景是什么。我们已经讨论了这些类型的情景，并提出了态势感知的情境模型（如图 2.6 所示）。

假设我们正面对一个可视化形式的数字孪生，它应该尽可能提供模拟系统有意义的信息。假设我们正在对一个复杂系统进行故障诊断，数字孪生使我们能够模拟故障的起源，以便联系和理解其原因和观察到的影响，因此，显示参数的可视化是必不可少的。在这种情况下，维护团队必须能够从各个角度“看到”系统，而问题的识别和解决在很大程度上取决于可视化的柔性。数字孪生还提供基于知识的系统经验。例如，维护团队成员（即人类）的任务是识别已知案例并快速给出解决方案，或类似案例及通过类比调整的解决方案，或发现新案例。新案例情形打开了解决问题的大门，即生成一个需要分析、精简、测试和记忆的新案例。案例推理一直是认知科学和人工智能研究的主题（Schank，1982；Kolodner，1983；Aamodt 和 Plaza，1994；Begum 等，2011），它与作为其基础的机器学习密不可分。

综上所述，SimBSE 引入了数字孪生、智能可视化、基于相应知识库概念的案例推理，以及基于经验反馈的各种机器学习和数据挖掘技术的案例学习等几个新概念。

7.3 系统柔性规划

有趣的是设计工程（Dym 和 Little，2009）和系统工程（INCOSE，2015）两个领域都在研究复杂系统的设计问题。这两个社区都起源于工业工程，具有以下特点：一个深深植根于机械工程，另一个植根于先进的计算机科学并注重组织理论。换句话说，第一个是自下而上的方法，第二个是自上而下的方法。当然，在实践中，工业界总是将这两种方法混合在一起。这就是为什么需要更好地确定这两种方法的交叉点，以防止陷阱并促进交叉影响。这个交叉融合的核心就是人 - 系统集成。

设计工程通常被视为由工程师创建产品的系列步骤迭代的工程设计过程。在开始下一步之前，需要重复某些步骤。其中的每一步，决策都是基于工程科学背景做出的。设计工程隐式地基于单一智能体，即适用于准隔离系统。该过程的各个阶段包括目标和标准设定、综合、分析、构建、测试和评估等。

系统工程是工程科学的一个跨学科领域，专注于设计、集成和管理等整个生命周期的复杂系统。系统生命周期和系统思维的概念与设计工程方法形成对比。系统工程是多智能体，即一个系统作为一个系统之系统，打开了组织性问题的领域，解决诸如需求工程、可靠性、物流、不同团队的协调、测试和评估、可维护性，以及在大型或复杂系统的设计、开发、实施和最终报废等所必需的许多其他学科主题。

《敏捷宣言》（Beck 等，2001）已经在软件工程领域中定义，并且可以扩展到工程设计的其他领域。它有以下目标：

- 重视个体和互动而不是过程和工具（即以人为本）；
- 致力于软件而不是完整的文档（即面向产品而不是面向过程——最终产品才是最重要的）；
- 与客户协商合作（即客户参与设计和开发对于社会 – 技术的可接受性至关重要）；
- 根据计划响应变化（即在社会 – 技术系统的整个生命周期中保持柔性而不是僵化）。

AUTOS 金字塔是根据任务（即规定的内容）和活动（即实际完成的内容）之间的区别呈现的，它为 HCD 提供了一个高效的框架。因此，设计人员和开发人员必须学习与实践任务分析及活动分析的艺术。首先，检查设计和开发团队目前正在做什么，并构建《敏捷宣言》中提出的敏捷实践方法。例如，在 SCRUM[㊀]中（Schwaber，1997；SCRUM，2015），通常的做法是给设计师和开发人员少量的时间来快速设计和开发产品版本。这个时期通常被称为 Sprint 周期，即在之前一本书中提到的 MVM 周期，由多个小 V 组成（Boy，2016）。执行第一个循环后，可以查看已经完成和可以完成的工作。此时，重点不是讨论设计师和开发人员有效地做了什么，而是讨论他们是如何做到的。然后，需要审视协作工作并重塑各利益相关者的

㊀ 杰夫·萨瑟兰（Jeff Sutherland）于 1993 年根据竹内弘高（Takeuchi）和野中郁次郎（Nonaka）（1986）的一项研究创建了 SCRUM 流程，该研究描述了一种提高速度和柔性的新方法。

参与，以提高他们的生产效率。这就是大野（Ohno）很久以前对丰田生产系统提出的建议（Ohno，1988）。简而言之，预测开发项目时间的唯一方法是专业知识设计和开发团队合作。

当我们谈论设计时，就是在谈论创造力。我们应该提供哪些工具来促进创造力？特定领域的设计意味着该领域的经验，应该提供哪些工具来促进经验的有效整合？这些方法和技术工具必须易于使用，它们必须具有一定的柔性。我们已经知道，可视化和案例推理技术是提供这种柔性的有效途径。可视化提供了一个重要的框架，实现了拿破仑·巴拿马的名言："好的草图胜过长篇大论！"案例推理为设计方案讲述提供了概念支持，这是明确专业知识和经验最自然的方式，同时也逐步实现知识的分类。

德·诺伊夫维尔（De Neufville）和朔尔特斯（Scholtes）（2011）已经提出了工程设计柔性问题和潜在的解决方案。他们专注于创建柔性的设计，以适应大型基础设施系统的各种可能性。他们解决了可能干扰系统开发和运行的未来事件的不确定性，提供了以技术为中心的思想和解决方案，以利用设计开发新机会并避免有害损失。

7.4 人–系统集成的成熟度

使用人本设计和人在回路仿真来实现良好的HSI，需要采用敏捷开发方法构建具有一定成熟度的有形系统。这里所说的成熟度是什么意思？一般来说，主要指技术准备水平（Technology Readiness Level，TRL)，但这些水平在技术上仅依赖设计和开发过程质量。在HSI中，我们引入3个相互关联的概念来评估成熟度：

❑ 技术成熟度（即相关技术的鲁棒性、稳定性、可控性和可观察性)；

- 实践成熟度（即与人们的意向性和响应性相关）；
- 社会成熟度（即文化和相关组织）。

测试成熟度主要指发现和合理化新出现的行为、功能和结构等。这些新兴属性可以是技术、人力（或与就业相关）和社会（或文化）等。

敏捷开发是基于场景的，即被实施到虚拟原型和测试用例中。换句话说，使用虚拟原型和测试用例逐步定义并进一步测试两种类型的正交场景（Boy 等，2020）：

- 表示结构配置（或基础设施）的陈述性场景；
- 表示功能列表（或历史）的程序性场景。

当然，这些场景的选择可能非常困难。目前，与其说场景定义是一种技术，不如说是一门艺术。它主要依赖该领域的经验和专业知识，并通过叙述方法使专业知识和经验变得清晰。通常，这种专业知识和经验的量化是很困难的，甚至是不可能的，但用它们来指导设计决策过程却是非常有用的。这种量化表达是确定要实施的方案场景的有效方法。

在20世纪80年代和90年代，商用飞机从机电驾驶舱向自动化驾驶舱的转变引发了人机工程学的研究（Boy 和 Tessier，1985；Sarter 等，1997）。这些研究侧重于基于工作连续性而不是变更管理的人因分析。人机工程学家主要关心以下问题：工作负荷模式的变化，对注意力和知识的新需求，对自动化模式的认识中断，新的协调需求，需要新的培训方法，新型人因错误，对自动化的自满和过度自信。他们提出了当时无法实施的以人为本的自动化解决方案。直到21世纪才实现 VHCD，因为建模和仿真的工具和技术已经变得更加有形。因此，我们可以在设计过程的早期阶段就测试系统。

我们现在知道，20 世纪 90 年代受到谴责的自动化危机问题往往反映了系统缺乏成熟度。基于形成性评估的人本设计，可以对正在开发的系统进行敏捷测试。虚拟以人为本的设计可以在系统制造之前，通过实验发现大量意想不到的情况，并相应地纠正系统问题。

过去往往通过收集飞行员的反馈来渐进式地调整自动化系统，而且从控制飞机驾驶舱机载系统到管理该系统需要相当长的过渡时间。过去，飞行员已经习惯于控制所有关键的飞行参数，当自动化这个新智能体突然接管了大部分参数时，飞行员必须监督这个新智能体，而不是像过去那样控制单个参数。这种变化类似于组织内的晋升，当员工从基本工作转到管理职位时，他必须管理与其晋升前所做工作相同的一群人（即人工智能体）。当一名员工正在做我们过去所做的工作时，有时可以进行微观管理（即飞行员对自动化系统进行微观管理，这些自动化系统完成了飞行员过去所做的工作）。在实践中理解这种变化（即从控制到管理）至关重要，这是一个实践成熟度的问题。与 20 世纪 80 年代和 90 年代相比，现在可以更早地对其进行测试，这得益于人在回路仿真功能的提升和复杂性分析方法的巨大进展，为其提供了有用的手段。如今，我们可以使用 HITLS 观察飞行员的活动并逐步发现新出现的行为和属性，而这在 20 年前是无法实现的。不同之处在于自动化不再是附加组件，而是在设计过程中创建、逐步完善和测试以实现目标的软件。

综上所述，自动化危机通常与技术成熟度和 / 或实践成熟度有关。换句话说，自动化应该用以人为本的方式（即适应用户需求）逐步修改，并且用户应该接受更好的培训以适应自动化（即用户需要学习使用高度自动化系统的新方法）。自动化设计不再是一个问题，因为我们有能力从一开始就以基于人在回路仿真的敏捷方式全面开发系统。

7.5 信任、复杂性和有形性

研究者已经对越来越自主的智能体的人类信任因素开展了广泛的研究，主要包括元分析方法和实证研究方法（Schaefer 等，2016）。他们确定了与信任相关的三个主要因素：

- ❑ 基于性能和属性的机器智能体；
- ❑ 基于人类能力和特征的人类智能体；
- ❑ 包括团队协作和基于任务因素的环境。

他们发现与机器智能体及其性能相关的因素对信任的影响最大。霍夫（Hoff）和巴希尔（Bashir）（2015）提出了三级信任模型来对影响自主化信任的因素进行分类：

- ❑ 性格信任，代表个人信任的一般倾向；
- ❑ 情景信任，基于外部环境并依赖于情境的人类特征；
- ❑ 获得信任，即从过去的经验或当前的交互中获得的系统知识。

学习信任分为两种：初始学习信任（即与系统交互之前的信任）和动态学习信任（即在交互过程中形成的信任）。

信任是一门非常丰富的学科，在心理学、社会学、人因工程、哲学、经济学和政治学等多个领域都进行了长期的探索。信任与合作和协作密切相关，因此需要系统和组织（即多智能体）层面的信任与协作（Castelfranchi 和 Falcone，2000；Mayer 等，1995）。此外，根据弗伦奇（French）等人的说法（2018），信任需求最常出现在不确定和脆弱的情况下。此外，当我们信任的智能体可能无法执行分配的任务而产生风险时，就需要信任（Hardin，2006）。

我们相信可以从物理和形象上（概念上）掌握的东西，即我们相信有形的东西（清楚明白的东西）。有形性是一个综合复杂性、成熟度、稳定性、柔性和可持续性的问题（Boy，2016）。

“复合、合成”（Complex，本身具有的属性）并不一定意味着“复杂、混乱”（Complicated，被动附加的属性）（如图 7.4 所示）。我们一直在寻求使系统更简单、更合理和更有用的方法。我们经常从糟糕的设计中创造出复杂（Complicated）的产品。复杂系统之所以复杂，是因为它们必须如此。大量的组件、组件间互连、反馈循环和非线性函数等会导致复杂性。理解一个复杂的系统，比如人体，需要大量的时间和经验。

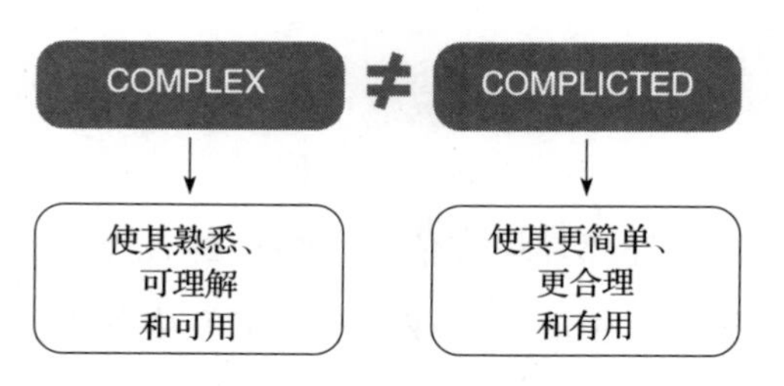

图 7.4　Complex（复合、合成）与 Complicated（复杂、混乱）的区别

要理解一个系统的复杂性，就需要了解这个系统的相关知识。仔细思考熟悉度，可以将其区分为专家、临时用户和初学者等几种类型的用户。例如，开发系统的设计师和工程师对系统非常熟悉，可能无法解释他们开发的系统的复杂性。在谈论他们开发的复杂系统时，可能会使用一些初学者或普通用户无法理解的特定语言。同样，演奏交响乐的音乐家需要有音

乐理论来支持讨论和表演。因此，通过观察非专家用户使用复杂系统的行为，能够轻松有效地获得最佳用户体验的重要部分内容。

当系统技术足够成熟时，我们不必担心技术复杂性；相反，当系统技术不成熟时，我们需要熟悉它的复杂性。例如，20世纪初的司机必须了解发动机和其他东西才能执行驾驶任务，如今，汽车技术已经成熟，驾驶员无须了解发动机和相关控制系统。我们需要不同的知识，比如可以把车送去哪一家修理厂修理。

系统可能变得极其复杂，因为在早期简单产品中，设计人员可能不会考虑系统操作中逐步需要的关键子系统。当它们像补丁一样被添加到现有系统的内部或之上时，很可能会为其管理产生额外的工作负载。这就是汽车中各种单独有用的设备（例如速度指示器、导航系统、车辆状态和防撞系统）积累的情况，但同时处理所有设备将是一场噩梦。解决这类问题的有效途径不是积累，而是整合。HCD通过不断的集成分析和测试，才能达到正确的HSI。

复杂性也是多样性的同义词。多样性的问题要求我们不仅在设计时，而且在操作时需要确定适当的背景。这些背景对定义和改进智能体是必要的。事实上，清晰表达各种相关结构和功能对人类和系统及其认知和物理特征至关重要。正如我们需要召集不同的专家来解决复杂的问题一样，多样性需要这些专家之间的协调，就像音乐家需要由指挥协调才能正确演奏交响乐一样。

复杂性导致困难的产生。一个复杂的系统可以用一组相互依赖的节点来表示。这些节点的一些子集可以被隔离并独立考虑，我们称这个过程为可分离性。但是，其他一些节点集不能分开，必须一起考虑，这种可分离性的缺乏导致分析、设计和测试的困难。因此，我们应该始终考虑将可分离性作为设计中的重要环节，尤其是以人为本的设计。

复杂性的另一个方面是情境化信息将在一系列参与者之间共享。当参与者人数较多且不在同一地点时，这一点尤其棘手。我们如何生成必要且充分的情境来提供有意义的信息？情境可以以口头解释（例如通过两个群体之间的人际联系）、文本或附加线索（例如视觉和/或听觉）的形式添加。情境化通常与意向性相关，即做某事的意图会激发其实现的情境。

7.6 虚拟设计的有形性指标

以数字化为主的工业4.0的发展，使虚拟以人为本的设计成为可能，这种设计本身就是基于人在回路仿真。数字孪生技术也以数字样机的形式逐渐发展起来。因此，我们面临着定义有形性指标的艰巨任务，这些指标用来度量数字孪生与其所代表的现实系统之间的距离度量。这个距离度量可以用置信区间而不是单个数字（例如概率）来表示，其中区间的上限是可能性，下限是必要性（Zadeh，1978；Dubois和Prade，2004）。事实上，概率就在这个区间内，区间的大小表示了对现象的无知程度。

有形性可以从两个互补的角度来定义：物理的和形象的（Boy，2016）。物理有形性是指物体或系统被正确把握、持有和处理的能力；形象有形性表明一个论点、抽象或概念被正确地、认知地把握、持有或操纵的能力。有形性与现实和意义有关。当一个事物有意义时，它是有形的，它可以以一种物理和/或形象认知的方式表达。

必须使用适当的属性和度量指标来评估有形性。有形性可以分解为5个考虑因素：复杂性、成熟度、柔性、稳定性和可持续性。为了便于说明，本章将提供一些属性和度量指标。

7.6.1 复杂性

我们区分系统的内部复杂性和感知复杂性。前者描述了系统的各个部分以及这些部分之间的相互联系。当系统技术足够成熟时，就不用担心内部的复杂性。当系统技术不成熟时，需要熟悉它的复杂性，这意味着人类智能体应是领域专家。当系统技术成熟时，内部复杂性不再是用户使用上需要考虑的问题。

感知复杂性可以根据可控性（即人类正确管理系统所需的控制数量）和可观察性（即人类需要了解系统如何工作的传感器和指标的数量）来衡量，这些数量越大，系统在操作方面就越复杂，因此需要对操作人员进行更深入和更长时间的培训。

复杂性与新属性息息有关。新技术通常是引入新的角色，实现适当的功能，从而减少工作负载。例如，在汽车中引入GPS大大减轻了驾驶员的工作量，也导致了基于优化的导航驾驶，从而导致了对GPS的过度依赖。本书不是讲度量问题，而是关注识别该新属性的工具和方法。

多智能体系统中常见的另一个例子是，系统活动可以突显某些智能体的过时，因此它们是无用的且需要替换的。人和机器之间的计算机辅助功能越多（即虚拟支持），它们的管理（例如监视、决策和控制）以及所涉及智能体的合作和协调规则就应该越明确。这涉及新接口的开发和对操作者的友好支持。

7.6.2 成熟度

可以使用 TOP 模型分析和评估成熟度。技术成熟需要更好地理解技术集成，也就是通常所说的技术准备水平（TRL）。实践成熟度与用户类型、任务和情况有关，即人类准备水平（Human Readiness Level，HRL）。驾驶赛车需要高速、高加速和敏锐的自我保护能力等专业的驾驶技能、知识和经验，而驾驶家用车需要中等速度、平稳的加速和乘客舒适度等各种技能、知识和经验。

组织成熟度和实践成熟度与组织和任务中各种适当类别的智能体、相互关系、产生活动、所需技能、知识和经验，以及组织记忆（即组织随时间推移的生活经验）有关。同样可以以 TRL 和 HRL 相同的方式定义为组织准备水平（Organizational Readiness Level，ORL）。

更通俗地说，成熟度基本上是一个时间问题，通过处理多种类型的事件并不断学习而达到。这就是人在回路仿真和测试必不可少的原因，需要测试不同类型的活动，以巩固人与系统的集成。

7.6.3 柔性

柔性通常不是自动化的属性，自动化往往会使活动僵化。但是，自动化允许在给定的情境中预测结果，在这种情况下，自动化可以完美工作。当自动化系统运行在未定义的情境中时，就会出现问题。

同样，标准化（即使人适应技术）通常会阻碍定制化（即使技术适应人）。在日新月异的今天，产品必须易于修改或更换。每当我们开始设计新产品时，都必须应对不确定性问题。忽略不确定性而产生的特定产品，往往需要遵守僵化的操作流程，因此使用时也不需要专业知识。而考虑不确定性将构建开放的产品，意味着更多的柔性，需要专业知识才能使用。

此时，有必要回到程序遵循和问题解决之间的认知区别（如图 1.1 所示）。当事情出错时，通常它们是不寻常的问题，用常规程序将不再起作用，即我们需要解决新的或不寻常的问题。因此，我们需要柔性，也需要能力。在这种情况下，我们需要解决问题的能力。当一切都是新的时，就类似设计一个新系统。此时，我们在系统工程方面的工作，尤其是在人 - 系统集成方面，可以提供很大的支持。我们已经解释过，基于模型的 HSI 在这种情况下可能非常有用（Boy，2021）。在新冠肺炎疫情的情况下，诸如 SEIR 之类的模型可以有条件地让人们理解它们并知道如何以敏捷的方式使用它们。因此，在未来对人们解决诸如流行病等极端情况的问题的训练将非常重要，比如了解系统之系统的可分离性和管理的复杂性。同样，除了技术、组织和人员（遵循程序）的僵化自动化之外，我们还需要包括人和机器在内的系统之系统的柔性自主化。

7.6.4 稳定性

可以使用 TOP 模型分析稳定性。在信息物理系统的意义上，技术稳定性与集成问题有关（即如何集成认知和物理组件）。稳定性可以是被动的，也可以是主动的。被动稳定性通常与物理组件的状态有关，这些组件在受到干扰时会自动（或自然地）恢复到稳定值。主动稳定性与确保系统状态在受到干扰时恢复到稳定值的两类智能体有关：1）认知组件（即使用自动控制和人工智能）；2）人类操作员（即使用人类技能和智力）。因此，需要更精确地识别和定义人工或人类智能体具有的认知功能。相关度量指标可以是域相关的。

组织稳定性取决于需要进行多少次重组。它可以是组织演变（即涉及渐进式变革）或革命（即涉及破坏性创新），通常需要分析所涉及的认知功能的分配问题。组织稳定性还涉及内部稳定性（即组织内各种智能体 / 系统作为系统之系统的稳定性）和外部稳定性（即组织相对于与其相关的其他组织的稳定性）。系统之系统的稳定性的概念至关重要，智能体机构的稳定性也是如此（Minsky，1986）。这里的度量指标与信任和协作有关。

个人（或人类）稳定性是指认知、社会和情绪的稳定性。认知稳定性涉及内部和外部认知支持。内部认知支持涉及对事件的预测、情景知识的运用、知识的表达和积累，以及冒险和行动。冒险涉及经验、准备、专注和积极主动的态度（即预测和展示可能的未来）。社会稳定性既是个体的（即个体在群体、组织或社区中的稳定性），也是集体的（即共享文化的稳定性）。情绪稳定性是指过滤掉个人所处的环境和组织中破坏性信号的能力。工作和活动的变化可能会破坏实践的稳定性，这取决于获得新技能和知识的动机和难度。

7.6.5 可持续性

在被称为“毅力号”的 M2020 漫游车空间工程系统设计项目中，一旦漫游车在火星上运行，就必须从延长生命周期的角度考虑可持续性。此外，还需要考虑漫游车自主性以及与地球控制中心连通的可持续问题。漫游车自主性应得到可持续集成系统的支持，以确保其在能源使用、信息处理、通信网络和移动性（例如车轮、腿）方面的自主，也就是指机器人作为信息物理系统的自主循环。与地球上控制中心连通性方面涉及技术可持续性和双向传输的信息类型。在本书中，信息有形性应该用可管理的粒度来表示（例如什么类型的任务细节应该发送给机器人）。

应该注意的是，对于供应商销售的商业组件等其他系统，可持续性的重点是有区别，其主要考虑价值和价格的比率。在这种情况下，可持续性可以从两方面考虑，即哪些系统应该可持续，哪些不应该可持续。可持续系统通常基于价值、经验和专业知识，它们可能很昂贵。相反，一次性系统可能很便宜，其中一些很快就过时了。在某些情况下，过时是程序化的！

7.7 演变性设计与革命性设计

在这个阶段，我们需要区分演变性和革命性的设计。通过在现有设计中添加新功能，这就是演变性设计，比如通过增加额外空间或新方向盘改造汽车。相反，革命性设计指全新的设计，比如建造一辆无人驾驶的全自动汽车。

对现有设计的逐步修改可能会导致革命性。因此，我们需要区分以技术为中心的演变性设计和人本设计。例如，空中客车公司在 20 世纪 80 年代通过逐步增加商用飞机的自动化程度，开发飞机电子控制技术，且每个自动化系统都发挥了各自的优势。然而，随着自动化系统越来越多，飞行员在高压环境下使用它们也越困难。主要原因是飞行员习惯在完全控制所有仪表的情况下驾驶飞机，而大多数飞行员还不知道他们现在需要管理一套新的自动化系统。从人本设计的角度来看，这种从控制到管理的转变具有革命性，尽管以技术为中心的工程被认为是演变进化的。这花了我们一些时间来阐述此概念！换句话说，可以采取革命性或破坏性的设计，但也可以采用以技术为中心的渐进式设计，并从中获得革命性的用途。

我们必须注意演变与革命的区别。必须从复杂性、柔性、成熟度、稳定性和可持续性的角度思考和行动，这是有形性的 5 个方面（Boy,

2016）。从设计的初期阶段到认证阶段，即整个系统经过全面测试和验证的演变可以用五点有形图表示，如图 7.5 所示。

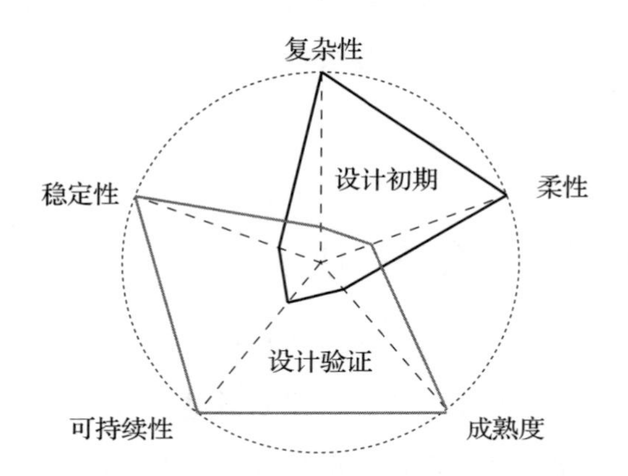

图 7.5　有形图：设计初期阶段和设计验证阶段

在设计初期和验证阶段两个极端之间，还存在一系列的可能性。此外，图 7.5 所示的设计验证阶段与正常运行条件息息相关。比如，在异常操作条件下，就对柔性要求高很多。同时，成熟度可以进一步分解为技术成熟度、实践成熟度和组织成熟度，从而衍生出多种不同模式。最后，必须在各种情况下执行这些参数，以获得新模型并对其进行排序，获得最优模型。

基于 3D 打印、数字化制造、轻量化材料、高带宽半导体、复合材料、光子集成电路、柔性电子和智能制造的工业 4.0 正在快速发展。到目前为止，几乎所有行业都是技术驱动的，很少关注人和组织。作者希望通过本书能为设计和制造的革新提供一些见解，好的创新需要考虑人类的期望和能力。而问题的重点是，人类的期望可能是隐式的，也可能是显式的，而且人类（即用户）常常不知道他们想要什么。因此，创造未来总是一个无休止的试错过程。

7.8 本章小结

数字建模和仿真使虚拟以人为本的设计（VHCD）成为可能，这对于人本设计是个好消息，其采用由外而内（从目的到手段）的方法取代经典的由内而外的方法（从手段到目的）。然而，在虚拟环境中开发设计工程需要制定有形性原则和度量指标。系统整个生命周期中需要优化的主要问题是资源投入、设计柔性和系统知识，这正是VHCD能够做到的。设计卡能有效地支持设计过程及其解决方案，可以使用人在回路仿真将基于模型的系统工程升级到基于模型的HSI（Boy，2021）。也就是说，设计过程被增量记录，从而实现敏捷开发的谚语："设计就是记录，记录就是设计！"HSI成熟度应从技术、实践和社会三个角度进行检验。总而言之，有形性是一个由信任、复杂性、成熟度、柔性、稳定性和可持续性构成的问题。

参考文献

Aamodt A, Plaza E (1994) Case-based reasoning: foundational issues, methodological variations, and system approaches. Artif Intell Commun 7(1):39–52

Beck K et al (2001) Manifesto for Agile Software Development. Accessed 14 June 2020. http://agilemanifesto.org

Begum S, Ahmed MU, Funk P, Xiong N, Folke M (2011) Case-based reasoning systems in the health sciences: a survey of recent trends and developments. IEEE Trans Syst Man Cybern—Part C: Appl Rev. 41(4):421–434. https://doi.org/10.1109/TSMCC.2010.2071862.ISSN1094-6977

Boy GA (2021) Model-based human systems integration. In: Madni AM, Augustine N (eds) The handbook of model-based systems engineering. Springer, USA

Boy GA (2016) Tangible interactive systems: grasping the real world with computers. Springer, U.K.

Boy GA (2013) Orchestrating human-centered design. Springer, U.K.

Boy GA (2005) Knowledge management for product maturity. In: Proceedings of the international conference on knowledge capture (K-Cap'05). Banff, Canada. October. ACM Digital Library

Boy GA, Dezemery J, Hein AM, Lu Cong Sang R, Masson D, Morel C, Villeneuve E (2020) PRODEC: combining procedural and declarative knowledge for human-centered design. Technical Report. FlexTech Chair, CentraleSupélec and ESTIA, France

Boy GA, Tessier C (1985) Cockpit analysis and assessment by the message methodology. In: Proceedings of the 2nd IFAC/IFIP/IFORS/IEA conference on analysis, design and evaluation of man-machine systems, Villa-Ponti, Italy, 10–12 September. Pergamon Press, Oxford, pp 73–79

Castelfranchi C, Falcone R (2000) Trust is much more than subjective probability: mental components and sources of trust. In: Proceedings of the 33rd Hawaii international conference on system sciences, pp 1–10. https://doi.org/10.1109/HICSS.2000.926815.
Dekker S, Lundström J (2007) From Threat and Error Management (TEM) to resilience. J Hum Factors Aerosp Saf
de Neufville R, Scholtes S (2011) Flexibility in engineering design. MIT Press, Cambridge, USA
Dubois D, Prade H (2004) Possibilistic logic: a retrospective and prospective view 144:3–23
Dym CL, Little P (2009) Engineering design, 3rd edn. John Wiley & Sons, New York, NY
Edwards EC, Kasik DJ (1974) User experience with the CYBER graphics terminal. In: Proceedings of VIM-21, October, pp 284–286
French B, Duenser A, Heathcote A (2018) Trust in automation—a literature review. CSIRO Report EP184082. CSIRO, Australia
Hardin R (2006) Trust. Polity, U.K, Cambridge
Hoff K, Bashir M (2015) Trust in automation: integrating empirical evidence on factors that influence trust. Hum Factors J Hum Factors Ergon Soc . https://doi.org/10.1177/0018720814547570
Hoffman RR, Hancock PA (2017) Measuring Resilience. Hum Factors J. 59(3):564–581. https://doi.org/10.1177/0018720816686248
Hollnagel E, Woods DD, Leveson N (eds) (2006) Resilience engineering concepts and precepts. Hampshire, Ashgate, U.K
INCOSE (2015) Systems engineering handbook: a guide for system life cycle processes and activities, version 4.0. Wiley, Inc, Hoboken, NJ, USA. ISBN: 978-1-118-99940-0.
Kolodner J (1983) Reconstructive memory: a computer model. Cogn Sci 7:4
Long D, Scott Z (2011) A primer for model-based systems engineering, Vitech Corporation
Mayer RC, Davis JH, Schoorman FD (1995) An integrative model of organizational trust. Acad Manag Rev 20:709. https://doi.org/10.2307/258792
Minsky M (1986) The society of mind. In: Touchstone book. Published by Simon & Schuster, New York, USA
Ohno T (1988) Toyota production system: beyond large-scale production. Productivity, Cambridge, MA, USA
Sarter NB, Woods DD, Billings CE (1997) Automation surprises. In: Salvendy G (ed) Handbook of human factors and ergonomics. Wiley Inc., New York, USA, pp 1926–1943
Schaefer KE, Chen JY, Szalma JL, Hancock PA (2016) A meta-analysis of factors influencing the development of trust in automation: implications for understanding autonomy in future systems. Hum Factors 58(3):377–400
Schank R (1982) Dynamic memory: a theory of learning in computers and people. Cambridge University Press, New York
Schwaber K (1997) Scrum development process. In: Sutherland J, Patel D, Casanave C, Miller J, Hollowell G (eds) OOPSLA business objects design and implementation workshop proceedings. Springer, London, U.K.
SCRUM (2015) https://www.scrum.org. Accessed 26 January 2015
Sutherland J (2014) Scrum: the art of doing twice the work in half the time. Crown Bus (September 30). ISBN-13: 978-0385346450
Takeuchi H, Nonaka I (1986) The new product development game. Harvard Bus Rev
Zadeh LA (1978) Fuzzy sets as a basis for a theory of possibility, vol 1, pp 3–28

Chapter8 第 8 章

总　结

摘要：总而言之，本书提供了社会－技术系统柔性分析的框架，阐述了人－系统集成（HSI）这门新兴学科，其专注于基于活动的设计和创新，基于模型的 HSI 柔性，社会－技术系统的概述，以及不断发展的数字世界中的有形性问题。本章重新阐述从刚性自动化到柔性自主化的转变需要一个系统框架。数字化设计工程使有形性成为一个主要问题，而承担风险、不确定性管理和前瞻性研究是重点。本书介绍了支持柔性设计的概念、方法和过程，也提出了一些未来的挑战。在这些挑战中，问题陈述需要进一步研究和合理化，以更柔性的方式提高解决问题的能力。

8.1　系统框架的必要性

柔性设计需要一个系统框架，该框架能够实现人和机器的通用且一致的表示。系统的概念实际上可以视为一种表示，我们谈论的人类系统和机器系统，都可以通过结构和功能来描述，都可以是物理的或者认知的（如图 8.1 所示）。

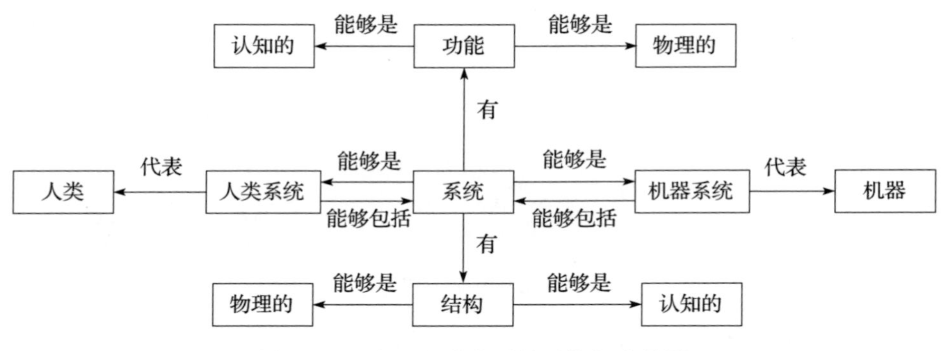

图 8.1　用人和机器表示的系统概念导图

系统的目的论定义应该与逻辑定义相结合，逻辑定义表明系统将任务转化为活动（如图 2.2 所示）。这里需要注意的是，活动通常被视为系统的行为。此外，系统可以包括其他子系统，也通常属于更大的系统，这就是系统之系统。因此，结构也是结构之结构，功能是功能之功能。

作为系统属性的功能分配，自然就包括在系统之系统上分配功能之功能。这种分配可以在设计时完成，也可以在操作时动态完成。此外，在系统完成形成性评估以后，还可以通过敏捷开发方法，逐步完成有意的功能分配。同时，结构和功能的定义和增量修改的方式，也影响系统升级及操作环境适应性等方面的柔性。社会技术柔性有多种可能性。首先，系统在结构（即系统架构设计能够轻松适用功能分配的修改）和功能（即功能应该能够在比最初指定的更广泛的背景下正确执行）方面具有内在的柔性。其次，系统应该在其所属的系统之系统内具有可扩展服务方面的外在柔性（即最初定义的服务可以扩展到系统的有效性情景之外）。系统的内在柔性和外在柔性都涉及两个关键特性：服务适应性和服务可扩展性。

比如系统中的机器或人工服务可以很容易地被等效的人工或机器服务所取代，那么这个系统就是柔性的。并且，这种柔性应该在（社会 – 技术）系统的整个生命周期中以不同的粒度级别存在。

8.2 从刚性自动化到柔性自主化

长期以来，工程学被开发并用于减缓工作痛苦，以及均衡人类周围世界的可变性和粗糙度[㊀]。之前所使用的“系统”的粒度级别与我们今天所拥有的相比非常低。以汽车保养为例，60 年前的汽车保养还非常机械化，通常由车主自己完成。对于受过教育的人来说，每个系统都足够简单，可以以非常简单的方式处理。如今，自己进行汽车保养的人少之又少，通常会去汽车经销商处保养汽车。这是因为汽车经销商配备了数字维护系统，可以启用自动化的诊断和维修程序。当这个系统成熟度很高或没有故障时，维护是非常有效的，一旦不成熟或者出现故障时，就没办法回到人工维护，即没有柔性。回退到人工维护岌岌可危。

我们已经知道程序遵循和解决问题的过程（如图 1.1 所示）。无论是由人类还是机器（即自动化）管理的程序，都必须在特定的情景中进行，超出定义的情境范围，就会导致僵化，甚至危险行为。在这种情况下，必须实施问题解决过程，这通常需要高度的柔性。除了设计和开发中的柔性之外，了解系统生命周期其他阶段的柔性也很有用[㊁]。

㊀ 伯努瓦 · 曼德尔布罗特（Benoît Mandelbrot）在描述分形理论时将粗糙度的概念引入复杂系统领域（Mandelbrot，1983）。

㊁ 维修、修理和大修（Maintenance，Repair & Overhaul，MRO）的概念在当今航空维修过程中普遍使用，这些过程是严格规定的、强制性的和周期性的，一般分为四个等级：（A）每月；（B）每季度；（C）每 12 ～ 18 个月；（D）每 4 ～ 5 年。然而，有时飞机系统变更在飞行后不起作用，在此情况下，有必要在不等待本次定期维护的情况下修理或更改，这是操作维护。计划（主动）维护和操作（反应）维护都会导致程序遵循，除非在某些情况下需要在最后一刻解决问题，后一种情况下，需要柔性。

更普遍地说，如果我们在许多领域成功地实现了自动化，同时也将我们周围的世界变得僵化，以至于一些非线性问题重新出现时，提醒我们复杂问题一直存在。自动化是在特定的环境中开发的，在这些环境中它通常可以成功运行。然而，这些环境并不总是明确定义的，并且通常不提供给最终用户，因此，当最终用户在操作时面临意外的系统行为时，他们大多时候都不知道该怎么做。最终，他们意识到，处理突发事件需要柔性和解决问题的能力。有什么样的工具来解决这些问题？这就需要自主性，可以是人（例如人是领域专家和 / 或拥有适当的支持工具）和机器（例如无须外部帮助即可自行解决问题的机器）的自主性。实际的解决方案肯定介于这两种自主性解决方案之间。

当前的建模和仿真方法工具使我们能够模拟可能的未来并测试各种场景。在现有基础上，这种虚拟但具体的预测技术非常有趣，对人类和机器自主性的发展也非常有用。通过这种方式，可以检查潜在的不确定性并研究如何管理它们。与传统的以技术为中心的工程相比，这就是虚拟以人为本的设计所能提供的。我们能够在设计过程的早期阶段测试各种非线性问题，从而找出最佳设计要求。这些虚拟工具使 20 世纪从手段到目的和用途的以技术为中心的工程（即首先开发技术，然后探索其目的和用途）转变为 21 世纪从目的和用途到手段的以人为本的设计（即首先探索在建模和人在回路仿真中的技术目的和用途，然后找出应该开发和集成的具体手段）。

8.3 数字孪生作为动态文档

柔性设计需要能够提高态势感知、决策制定和行动的工具。参与新系统设计的人员应该能够轻松表达将要或者已经设计和开发的内容。直到最近，正在设计和开发的系统都是使用传统的纸质或者电子文本和图形等文档技术来记录的。正如本书中已经阐述的那样，建模和仿真能够支持设计和开发过程，能够在系统生命周期的早期阶段大大提高设计柔性和获取系统知识的能力（如图 3.3 所示）。建模和仿真工具能够开发正在设计的系统的不断进化的数字孪生模型，其可以被视为正在设计和开发的系统的生动表现，即动态的数字文档。

数字孪生混合了现实世界复杂系统的物理和认知模型，可以测试“假设”的未来可能性，最有意义的是测试潜在的用途和活动。这些复杂系统可以是多样化的工业设施或活体器官。数字孪生随着时间的推移与真正的物理孪生一起发展，记录了对应物理孪生的全生命过程，不仅从工程和运营的角度详细记录了现实世界的系统，而且以最全面的方式记录了整个实体。这种新型文档可以描述现实系统的制作方式和使用方式。我们以活动设计文档（Boy，2005）和设计卡（如图 7.2 所示）的形式展示此类动态文档系统。

为什么数字孪生可以支持设计柔性？记录系统的物理和认知结构和功能是非常重要的，这样可以使其工作方式和使用方式合理化。这种合理化越成熟，我们就越了解如何维护和操作它。工程柔性和操作柔性往往来自这种渐进式的合理化，同时考虑数字孪生及其有形真实孪生往往会增加这种合理化的有效性。此外，这种数字孪生也逐渐被修改为更加有形的动态数字文档。

数字孪生基于一种数学或者符号表达的进化模型。无论何时使用模型，都要将相关输出任务委托给它处理，这就像将某件事委托给其他人一样。委派最重要的是信任被委派的资源，信任往往又涉及每个资源的可靠性及资源之间的关系。对于人类来说，信任是一种表观遗传现象，即信任不是与生俱来的，而是从与环境的互动中习得的。对抽象系统的信任（比如声音警报的具体原因有时难以解释）与其象征性的有形性（即了解其内部模型和操作形象）有关。最后，信任是有形性问题。

8.4 有形性问题

人在回路仿真为虚拟以人为本的设计提供了良好的支持，即在设计过程中探索、发现和评估相关的人为因素，以定义可能的最佳系统需求。然而，在虚拟样机（即数字孪生）提供的数字化环境中，只有当其与现实世界足够接近时，这才是正确的。事实上，这些虚拟样机与要开发的最终系统之间存在差异，应该如何估计这些虚拟样机与现实世界中的原型之间的距离呢？

本书已经从两个角度定义了有形性的概念：物理的和形象的。物理有形性可以描述为："一个物理对象可以被手抓住。"形象有形性可以描述为："一个抽象的对象或概念可以被思想掌握。"在数字化世界中，物理有形性和形象有形性不仅在态势感知意义上对于感知、理解和投影很重要，而且对于以适当的物理方式体现也很重要。有形性的两个概念都至关重要，因为我们将工程设计方法（如图 4.2 所示）从 20 世纪的软件放入硬件转变为 21 世纪的将硬件置于软件周围。前者处理自动化问题，后者处理有形性问题，比如我们现在开发的 3D 打印将根据软件开发硬件。

为什么有形性问题在柔性设计中变得如此重要？因为通过人在回路仿真以及虚拟以人为本的设计方法能够在设计阶段解决大多数人因问题，这有助于提高设计和操作的柔性。然而，这是在物理和形象有形性都有保障的前提下。应执行如图 7.1 所示的有形化过程，以确保系统最终安全、高效和舒适。这个敏捷开发过程应该提供系统整个生命周期每个步骤的柔性。

8.5　风险承担、不确定性管理和前瞻性研究

柔性设计需要冒险和前瞻性的研究。没有充分的准备，冒险就不会成功（Boy 和 Brachet，2010）。这就是为什么人 – 系统集成是一个非常繁忙的过程，设计团队需要不断确保正在设计和开发的系统符合预期，并朝着预定的用途和活动收敛。

然而，即使在不确定和有危险的环境中采取了一切预防措施，还是需要采取行动。应该指出的是，什么都不做本身也是一种行为。我们必须时刻准备好承担风险，因为世界没有零风险这回事。做好准备就是获得有用的技能，并通过培训提高它们。任何冒险的行动都需要纪律和柔性，我们需要为柔性训练。一方面，必须严格按照程序办事；另一方面，需要知道如何跳出程序，以便自主解决问题。换句话说，这种僵化的规范性程序框架必须与柔性创造相结合。这就需要所考虑领域的高级能力和专业知识——机器自动化永远不会支持不合格操作员的危险操作。这正是柔性设计要寻求和实施的内容。

我们总是会回到不确定性、信任、协作以及最终承担风险的问题上，这四个基本问题已经在本书中讨论过了，它们密切相关，并取决于智能体的态势感知。态势感知的情境模型已经在本书提出（如图 2.6 所示），它定义了情景概念的各个方面。当没有足够的信息而必须采取行动时，就会出现不确定性。拥有的信息和知识越准确，就越有把握以正确的方式行事，然后可以自动执行相应的任务。相反，拥有的准确信息越少，判断就越依赖信念和信任程度。正是在这些情况下，我们需要相应工具通过系统柔性

取得成功。无论是概念上的还是具体的工具，必须能够通过各种可视化技术来提高感知能力，通过各种推理技术（人工智能）来提高理解能力，通过各种预期机制和行动建议来提高预判执行能力。

应从三个方面考虑柔性设计：技术（即提供可适应的新工具并为社会－技术系统的和谐发展提供真正支持）、组织（比如构建和测试新的协作模型）和/或人类（如重新思考工作，以及更常见的活动）。目前，迫切需要打破我们所熟知的工业经济无法改变的社会偏见。正如埃德加·莫林（Edgar Morin）所说，是时候改变方向了（Morin，2020）。我们需要建立新模型，其不再限制于以经济为中心的独立变量，而是考虑人类福祉、环境可持续性、信任、同理心和合作等多个变量。最后，我们不仅需要跨学科的方法，还需要一个全新且被高度认可的跨学科社区。在这个新社区，科学家和从业人员将能够产生新知识和价值。此外，基于数据分析和人工智能的柔性设计经验方法应该与领域经验和专业知识紧密结合。

8.6 结论和挑战

柔性设计是人－系统集成（HSI）和人类体验的核心。人－系统集成分析、设计和评估社会－技术系统柔性的第一个要求是了解该系统是什么。因此，有一个支持此需求的适当的系统表征是很重要的。它的各个子系统是什么？它与其他外部社会－技术系统的关系是什么？包含在系统中还是独立于系统外？处于危险之中的社会－技术系统的结构和功能的各种结构是什么？它们之间是如何联系的？分析的粒度级别是什么？如果没有在HSI中进行扩展练习，就无法回答这些问题。专业知识和创造力在这里都处于危险之中，即人－系统集成扩展了知识和创造性思维结合的知识获取，以探索可能的未来。

凭借基于系统表征的丰富知识和专有技术（参见图2.2和图8.1），人－系统集成始终使用正确的创造力来预测可能的未来。如果没有基于案例的启发式方法，就无法成功地进行预测，尤其是常规程序失败或在当前操作环境不合适时，这种启发式方法就很有用。它们源于系统的经验反馈，并集成到人－系统集成的知识和技能中。如果没有长期的实践，这种启发式方法就不能被吸收、适应和正确使用，这就如同我们受过教育的常识发挥作用一样。

另一个挑战是更好地理解复杂性对事件的响应意味着什么。我们已经知道，当事情出错和发生意外时，我们需要柔性。柔性是一种解决问题的技能和支持，人们应该了解它并积累经验。例如，海洋工程和海洋科学研究人员试图通过非线性方程更好地理解飓风的复杂性，这些非线性方程因海水温度和其他物理因素变化而导致混沌效应。混沌现象是无法预测的，这就是为什么学校和大学应该教授复杂性科学，告知人们为什么复杂系统有时是不可预测的，即无论采取何种复杂的方法，都无法准确预测结果。但是，复杂性科学告诉我们定性的可能结果，例如吸引子和灾难（Thom，1989），这可能有助于战略决策。

拥有适当系统表征的本体论是非常重要的，其能够为问题提供各种柔性的解决方案，比如使用人在回路仿真重组社会－技术系统。但是，在找到合适的解决方案之前，人们应该正确说明问题。如前所述，问题陈述需要整合专业知识和创造力所需的柔性，这是长期实践和适当系统表征的结果。柔性与可变性和可逆性的概念有关，这两个概念通常在社会－技术系统的设计过程中确定，并进一步通过整合其生命周期中的新属性来确定。

这里的主要挑战是找到系统的可变性和可逆性。

经过近三十年的酝酿，人工智能（AI）和数据科学强势回归。因此，以人为本的设计（HCD）成为主要问题，因为AI算法的数据输入应尽可能与解决问题相关且适当，以避免错误和危险的结果。除了以人为本的数据采集，基于AI算法的HCD也是一大课题。在错误结构设计和/或错误功能分配的情况下，修改人工智能算法的过程有多柔性？在原始数据采集错误的情况下，数据采集过程的柔性又如何？这些问题的答案对于管理人们及社会－技术系统环境的信任和协作至关重要。社会－技术系统环境越来越数字化，大多数任务都委托给机器系统。因此，在物理上（即缺乏具体化的本体感觉）和形象上（即人们可能越来越难以理解正在发生的事情）的有形性问题应运而生。

在许多情况下，柔性离不开外部支持和相互协作。换句话说，柔性需要物理和/或认知上的支持，且存在冗余。因此，如果没有系统之系统框架，就不能考虑柔性。在这个框架中，一些系统是其他系统的资源。事实上，在正确的时间提供适当的资源是成功的关键，因为它们可以为完成任务或目标提供有效支持。相反，当资源稀缺时，程序支持仍然是唯一的可能，这在某些情况下会导致僵化，有时甚至是灾难性的结果。因此，适当数量的资源对社会－技术系统的正常运行是一个真正的挑战。

HSI在可持续性方面的柔性是终极挑战，即它对社会、环境和经济的贡献。在社会层面，人们应该接受关于柔性问题的培训，不仅包括遵循程序，还包括问题解决。其还应为危机管理提供组织支持，即使是轻微的危机。同时，技术的设计和发展也应考虑HSI的柔性。在环境层面，在技术设计和开发阶段应该明确设定自然保护的目标。例如，人们应建立组织模型以最大限度地减少运输距离，同时具备长距离运输能力以适应解决灾难性问题的需要。同时，应该促进和鼓励人们之间的积极合作。考虑到复杂社会－技术系统的非线性，以技术和法律为中心的最经济解决方案将始终是特定情况下僵化的根源。相比之下，以人为本的解决方案需要涉及利益相关者的民主参与和分析，以决定如何开发人－系统集成。秩序和自由的正确结合必须在社会－技术系统中不断探索、分析和实施，以便为所有公民提供良好的行动上的柔性。

参考文献

Boy GA (2005) Knowledge management for product maturity. Proceedings of the International Conference on Knowledge Capture (K-Cap'05). Banff, Canada. October. ACM Digital Library

Boy GA, Brachet G (2010) Risk taking: a human necessity that needs to be managed. Dossier, Air and Space Academy, France

Mandelbrot BB (1983) The fractal geometry of nature. Macmillan. ISBN 978-0-7167-1186-5

Morin E (2020) Changeons de Voie [Let's Change the Lane]. Denoël, Paris

Thom R (1989) Structural stability and morphogenesis: an outline of a general theory of models. Addison-Wesley, Reading, MA

术 语 表

Abduction（溯因法）：溯因推理是一种逻辑推理，它试图从基于经验的启发式观察中找到最简单和最可能的结论。在认知心理学中，溯因是一种直觉推理形式，包括避开不可能的解决方案。这个概念与系统搜索的逻辑相反。

Active Design Document（主动设计文档，ADD）：电子文档包括设计系统的内容、原因、方式和数量（评估）。它能广泛使用有两个原因：首先是动画、视频或模拟等生动的表达；其次是满足系统可追溯性和修改的要求，能够将 ADD 连接到其他相关的 ADD。

Active stability（主动稳定性）：当系统无法自行回到稳定状态（即被动稳定性）时，需要外部资源通过主动支持来保持稳定。

Activity analysis（活动分析）：活动是任务执行的效果，活动分析是支持活动观察及其解释的过程。

Affordance（可供性）：根据人与物体或机器之间的关系，能够建议人类采取行动，称为可供性。一个物体或机器可能有多种可供性（例如一些门把手用推，另一些用拉）。系统的可供性可通过结构和功能的关系来描述（比如一个结构代表一个功能）。

Agile Manifesto（敏捷宣言）：*Manifesto for Agile Software Development* 阐述了四个观点：个体和交互优于过程和工具，工作软件优于综合文档，客户合作优于合同谈判，以及响应变化而不是遵循计划（https://agilemanifesto.org）。

Artifact（人工制品）：其有不同的含义，但在人 – 系统集成中，主要指人类建造的任何东西。

Artificial Intelligence（**人工智能，AI**）：由机器表达的智能，与人类和动物的智能不同。它通常是来自计算机科学、工程、哲学、认知科学和其他科学领域的一组明确的方法和工具，数据科学和机器人技术是目前人工智能的主要研究方向。

Automation（**自动化**）：在明确定义的环境中为人们提供帮助的技术。自动机在程序的基础上工作，可以分为手动控制到全自动化等多个级别。

Automation surprises（**自动化危机**）：当自动机器执行未定义的用户动作时，就会产生自动化危机。通过以人为本的设计，以及人在回路仿真方法，尽早评估和分析用户活动，以减少自动化危机，从而提高技术和实践的成熟度。

Autonomy（**自主性**）：人或机器等智能体在最少的外部支持下，根据自身知识和技术采取行动的能力。

Autopoiesis（**自修复**）：能够自我复制和维护的系统属性，自修复系统保持自身的特定性。

AUTOS pyramid（**AUTOS 金字塔**）：能够使设计团队考虑要设计的人工制品（即系统）、用户（即参与整个系统的人员）、要执行的任务、处于危险中的组织，以及各种活动具体情况的框架。此外，AUTOS 金字塔提供了这五个实体之间的各种联系，如任务和活动分析、要求和技术限制、人机工程学和交互程序（培训）、突发属性和文化用途、社会问题、职业分析、情境意识、情境操作、可用性和有用性、合作和协调问题。

Behaviorism（**行为主义**）：一种基于可观察行为的心理学范式，主要取决于对给定刺激的反射和反应机制，或个人与其环境互动的历史情况。

Black Swan Theory（**黑天鹅理论**）：一个比喻，描述由缺乏知识引起的意外，并将对意外的解释整合到记忆中。

Case-based reasoning（**案例推理**）：一种认知科学和人工智能范式，它提供了易于处理的推理模型，该模型基于经历过的案例，并逐步修改，从而形成新的案例。

Catastrophe Theory（**突变理论**）：动力系统数学的一个分支理论，以及几何奇点理论的一个具体案例。

Cognitive Engineering（**认知工程**）：认知科学、心理学和人类学在人机系统工程设计和操作中的应用，认知工程侧重于认知工作。

Cognitive Function（**认知功能**）：一种将任务转换为活动的功能，它基于角色、有效情境和执行任务所需的资源。

Common Sense（**常识**）：可导致适当行动的与日常相关的实际合理判断。常识通常被认为是“根据事情的本来面目做应该做的事情的诀窍”。

Complexity Science（**复杂性科学**）：专注于复杂的非线性系统和问题，这些系统和问题是动态的、不可预测的和多维的，由一系列相互关联的部分组成。

Complex System（**复杂系统**）：由大量相互联系和不断出现的特性构成的本质上难以建模的系统。

Computer-Aided Design（**计算机辅助设计，CAD**）：通过计算机为正在设计的系统提供创建、分析和修改的功能支持。CAD 软件支持设计生产、质量改进、文档编制和后续制造。

Context（**情境**）：可以分为三种情境类型：句子中的情境，它可以识别一个词的前后词，并为其提供意义；环境中的社会情境，识别系统周围环境中的对象和/或智能体，为其行为和交互提供意义；事件序列中事件的历史情境。

Controllability（**可控性**）：一个系统的属性，它定义了适当的控制变量，使处于危险中的系统保持稳定（控制理论）。可控性是可观察性的对偶属性，其定义了适当的可观察变量，使人们能够正确地观察到处于危险中的系统正在做什么。

Cybernetics（**控制论**）：一种系统监控与管理系统的跨学科方法。诺伯特·维纳在 1949 年将控制论定义为“对动物和机器进行控制和交流的科学研究”。

Cyber-Physical System（**信息物理系统**）：集成计算、网络和物理过程的系统。它代表了下一代更大规模的物联网系统，当然也是自动化系统（例如飞机上的自动驾驶仪）的演变。

Declarative Knowledge（**陈述性知识**）：包括知道“是什么”，它呈现了事实。

Declarative Scenario（**陈述性场景**）：系统配置的声明是一个陈述性场景。

Design Card（**设计卡片，DC**）：从合理化（系统为何存在）、活动（系统产生什么）、结构（从结构的角度来看系统是什么）和功能（从功能的角度来看系统是什么）来描述系统的状态。

Digital Engineering（**数字化工程**）：通过建模和仿真功能使设计团队能够创建、捕获和集成数据以形成模型，该模型能够在数字化（虚拟）世界中模拟正在设计的系统。

Educated Common Sense（**受过教育的常识**）：长期累积的经验以及渐进的合理化主题，可以称之为受过教育的常识。

Emergence（**突现**）：当系统表现出其组件所没有的行为和属性时，称之为突现。

Emergent Phenomena（**突变现象**）：在系统之系统中，组件之间构成的自组织相互作用通常会导致突发现象的产生，比如神经元之间的相互作用产生了意识的突变现象。

Engineering Design（**工程设计**）：描述并通过开发系统解决复杂问题的过程，这往往需要柔性，设计思维、以人为本的设计和创造力通常被用于工程设计。

Experience（**经验**）：与操作某物、与人互动，以及测试系统的实践有关，它导致知识和专有技术的产生。这些知识和专门技术可以进一步用于处理类似的情况。

Experience Feedback（**经验反馈**）：用来记录不管是消极的还是积极的经验的过程，以增加组织记忆，并逐步塑造其文化和组织的知识和技术。

Expertise（**专业知识**）：使具备专业知识的人员能够在给定的领域中更快、更有效和更正确地工作。它需要长时间的学习。

Figurative Tangibility（**形象有形性**）：当某物能够被触摸或抓住时，它就是有形的。在形象意义上，概念、抽象或陈述如果可以被其他人在精神上掌握（即理解），那么它就是有形的。

Flight Management System（**飞行管理系统，FMS**）：为飞行员提供高级导航能力计算机系统，它可以对飞行路线进行编程，并自动执行相应的飞行导航任务。

Fly-by-Wire Technology（**飞行控制系统，FBW**）：能够控制飞机计算机嵌入的机械设备系统。FBW 负责协调飞行员的管理行为和飞机的主要机械部件。

Formative Evaluation（**形成性评估**）：一种使设计团队能够评估正在设计和开发的系统的方法和过程，并可以使用评估结果相应地修改系统。形成性评估不同于总结性评估，后者包括为系统认证提出建议。

Fractals（**分形**）：即模式的递归，伯努瓦·曼德尔布罗特提出了复杂几何分形理论。

General Practitioner（全科医生，GP）：也叫家庭医生，不同于产科、心脏病或麻醉师等专科医生。

Glass-Cockpits（数字化座舱）：配备电子飞行仪表显示器的飞机驾驶舱。传统的机电仪器在20世纪80年代被阴极射线管（CRT）所取代，而阴极射线管又被液晶显示器（LCD）取代。

Homeostatic（稳态）：人或机器系统通过调整内部参数来维持系统稳定的自我调节过程就是稳态。这种稳态过程的失败通常会导致系统的死亡。

Human-Centered Design（以人为本的设计，HCD）：一种解决问题的方法，通常用于设计和管理框架，通过在问题解决过程的所有步骤中考虑人类因素来解决问题和开发方案。

Human-Computer Interaction（人机交互，HCI）：一门计算机科学学科，主要解决计算机技术设计和使用所提出的方法和工具。HCI专注于用户界面和用户体验（UX），也就产生了交互设计。

Human Factors and Ergonomics（人因和人机工程学，HFE）：一门涉及将心理学和生理学原理应用于产品、过程和系统的工程和设计学科。

Human-In-The-Loop Simulation（人在回路仿真，HITLS）：HCD的必备工具，它支持人类活动观察和分析、技术成熟度和实践成熟度的测试，以及最终的人－系统集成等多种功能。

Human-Machine System（人机系统，HMS）：包括人和机器相互作用的系统。

Human Systems Integration（人－系统集成，HSI）：当人与机器很好地结合在一起时，称HMS为HSI。它必须在设计和开发早期以及整个生命周期中考虑人的能力、技能和需求。

Industry 4.0（工业4.0）：传统制造和工业系统的进一步自动化，包括使用现代智能技术，或者使用HITLS和HCD等实现系统从外到内的工程设计方法。

Intentionality（意向性）：类似于所谓的“心理表征”。意向性与定向性、关于性或参考性的心理状态有关，比如想到或关于某事的事实。

Interaction Block（交互块，iBlock）：一种使设计团队能够通过考虑环境、触发条件、操作、目标（正常的终止条件）和异常的终止条件来描述操作程序的表示。

Interdisciplinarity（**跨学科**）：当一项研究需要两个或两个以上的学科来进行时，就是跨学科。它是通过跨越边界思考来创造新东西。

Key Performance Indicator（**关键绩效指标，KPI**）：一种绩效衡量标准，可用于评估组织或其参与者特定活动的成功与否。

Linear Algebra（**线性代数**）：数学中用向量和矩阵表示的线性方程就是线性代数。

Maturity of Practice（**实践成熟度**）：人们对系统的使用越熟悉，与系统相关的实践就越成熟。

Multi-Agent System（**多智能体系统**）：由多个相互作用的智能体组成的计算机系统称为多智能体系统，它可以解决单个智能体或单个系统难以或不可能解决的问题。

Model-Based Systems Engineering（**基于模型的系统工程，MBSE**）：一种专注于创建和利用领域模型作为工程师之间信息交换主要手段的系统工程方法，有别于传统系统中基于文档的信息交换。

Non-Linear System（**非线性系统**）：在数学科学中，输出的变化与输入的变量不成比例的一种系统。工程师、生物学家、物理学家、数学家和许多其他科学家对非线性问题很感兴趣，因为大多数系统本质上都是非线性的。

Observability（**可观察性**）：控制理论中系统的一种属性，通过适当的可观察变量，使人们能够正确意识到所涉系统正在做什么，其对偶属性是适当的控制变量，即使处于危险中的系统仍保持稳定的可控性。

Organizational Automation（**组织自动化**）：集成了组织自动化的行业，通过添加计算机网络作为办公自动化的后续，并且可以将人员和系统建模成完全连接的系统。

Participatory Design（**参与式设计**）：一种试图让所有利益相关者积极参与设计过程的设计方法，以确保结果满足他们的需求并且是可用的。

Passive stability（**被动稳定性**）：不需要主动控制，即在不需要纠正措施的情况下解决问题。

Phenomenology（**现象学**）：由埃德蒙德·胡塞尔（Edmund Husserl）创立的哲学分支，主要研究经验和意识结构。这是一种思考人类自己的方式，它侧重于那些无法细分的经验中描述的现象。

Physical Tangibility（物理有形性）：当某物能够被触摸或抓住时，它就是有形的。当一个物体或一台机器可以被设计者以外的其他人理解时，它就是有形的（即功能可见性）。

Positivism（实证主义）：一些哲学家假设世界是客观存在的，且可以被分成几部分单独研究，然后重新组合在一起进行整体研究。也有一些哲学家提倡整体方法，假设世界不能被分割成碎片，应该被视为相互关联的现象。

Problem-Solving（问题解决）：在解决问题之前，应该正确理解和陈述问题，然后，通过创造性方法预测可能的解决方案，并通过评估结果来找出它们的价值。

Procedural Knowledge（程序性知识）：与方法、程序、检查表或工作清单有关，指的是完成特定技能或任务的知识。程序性知识也称为知道怎么做（knowhow）。

Procedural Scenarios（程序性场景）：脚本、动作、事件和交互的年表等描述的清晰高级任务是程序性场景。

Procedure（程序）：为获得特定结果，遵守一组规则，而采取的步骤（比如计划飞行的程序），我们常称之为运行程序或操作程序。

Reductionism（简化论）：用更简单或更基本的现象来描述当前现象，它也被描述为一种智力和哲学观点，将复杂系统分解为各部分简单系统的总和。

Resilience（弹性）：人机系统在不完全失效的情况下吸收或避免损坏的能力，是相关技术、组织和人员设计、维护和恢复的目标。

Robustness（鲁棒性）：系统在操作过程中处理机器故障、操作失误或错误任务的能力，它是容忍影响系统完整性扰动的能力。

Scenario-Based Design（基于场景的设计）：帮助设计团队找出由人和机器组成的系统活动中涉及的智能体 / 系统之间的各种交互，通常用于人在回路仿真中，并根据领域专家的经验来定义。正如约翰·卡罗尔（John Carroll）所说："情景就是故事，是关于人和活动的故事"。

SCRUM：用于开发、交付和维护复杂产品的软件工程的敏捷框架。SCRUM 已广泛用于研究、销售、营销、系统工程等其他领域。

Self-Organization（自组织）：在不受任何外部智能体控制的情况下发展的组织是自组织的。系统之系统相互作用，以确保整个系统的稳定性，即为自组织。

SEIR Epidemiological Model（SEIR 流行病学模型）：由克马克（Kermack）和麦肯德里克（McKendrick）于 1927 年定义，涉及 4 个方程和 4 个变量，代表 4 种人群：易感（S）、暴露（E）、感染（I）、痊愈（R）。

Separability（可分离性）：指的是系统之系统中的一些系统，可以从整个系统的其余部分中分离出来，而不损害整个系统，且这些分离的（子）系统能够被独立地研究。

Situation（情景）：指人们发现自己所处的一组环境（例如事态）、位置、事件、状态向量等。在本书中，情景可以是正常的、异常的或突发的。

Situation Awareness（态势感知）：根据安德斯雷（Endsley）的模型，由感知、理解和投影应用三个高级认知功能的序列组成。

Socio-Cognition（社会认知）：专门用于复杂的认知和相互关联且对给定问题至关重要的社会属性，可以实现认知交互的作用和功能，用于复杂社会 - 技术系统设计集成。可以发现和研究团队、社区和大型机构等各种各样的组织。

Societal Maturity（社会成熟度）：在采用技术或产品方面表现成熟的社会或组织称为社会成熟。

Sociotechnical Flexibility（社会技术柔性）：当组织或社会 - 技术系统的智能体或系统能够轻松适应变化时，我们称之为社会技术柔性。

Sociotechnical Maturity（社会技术成熟度）：技术成熟度、实践成熟度和社会成熟度这三种成熟度的组合。

Sociotechnical System（社会 - 技术系统）：组织设计和管理需要明确的社会 - 技术系统的定义，即人和机器一起工作。

Stability（稳定性）：与物理学中的稳定性概念相适应，是指系统在受到轻微干扰或攻击后恢复原始功能的能力。系统的稳定性可以是被动的（即自动恢复原来的功能），也可以是主动的（即需要外部协助才能恢复原来的功能）。稳定性的概念与弹性的概念密切相关。

Subconscious（潜意识）：当前未处于焦点意识中的部分意识。

Systemic Interaction Model（系统交互模型，SIM）：对 HSI 有用的组织，由监督、调解和合作三种类型表示。

Systems Engineering（系统工程）：一种跨学科的综合方法，能够使用系统原理和概念，以及科学、技术和管理方法成功实现、使用和报废工程系统。

System of Systems（系统之系统，SoS）：一些独立系统集合成一个更大的系统，组成系统协作而实现单个系统无法实现的全局行为。

Tangibility Metrics（有形性指标）：主要有五个属性，即复杂性、柔性、成熟度、稳定性和可持续性，且每个属性都有其度量标准。因此，有形性指标是几个相关属性指标的聚合结果。

Tangible Interactive System（有形交互系统，TIS）：远远超出有形用户界面的概念，强调在以人为本的设计框架内处理大型复杂系统，并从系统开始和整个生命周期将人置于设计过程的中心。

Task Analysis（任务分析）：将目标、故事或程序分解为更小、更易于管理的组件，并记录这些部分的过程。

Technological Maturity（技术成熟度）：当影响用户充分利用技术的缺陷不存在或很少见时，技术就会变得成熟。在某些情况下，一项技术在广泛使用时就已经成熟。

Technology-Centered Engineering（以技术为中心的工程）：长期以来，技术都是由内而外设计开发的（即先开发技术的核心，再考虑使用它的人，这就加强了用户界面的概念，从而在操作时隐藏一些技术笨拙的部分），由内而外意味着技术是从手段到目的而设计和开发的。相反，以人为本的设计是由外而内的，即从目的到手段。

Technology Readiness Level（技术准备水平，TRL）：由 NASA 于 1970 年开发，用于在项目的获取阶段评估技术成熟度。TRL 目前提供了一个用于跨不同类型技术成熟度进行一致、统一分析的框架。

Technological Maturity（技术成熟度）：一个系统在技术上越不成熟，对操作人员专业知识的要求就越高。系统在技术上越成熟，对操作人员专业知识的要求就越低。

TOP（Technology，Organization and People，技术、组织和人员）模型：设计团队的参考框架，将正在开发的技术与要使用它的人员，以及他们之间的交互组织联系起来。

Unified Modeling Language（**统一建模语言，UML**）：一种软件工程中的使系统设计可视化的建模语言。

Usability Engineering（**可用性工程**）：测试系统能力的过程，包括为用户安全、有效、高效和舒适地执行任务提供条件，同时享受它们的体验。用户体验或 UX 通常指这种方法的演变。

Virtual Assistant（**虚拟助理，VA**）：能够为另一个智能体或系统提供帮助的智能体或系统（人和 / 或机器），通常是计算机系统（例如飞机驾驶舱中的 VA）。

Virtual Human-Centered Design（**虚拟以人为本的设计，VHCD**）：使用虚拟样机来实现人在回路仿真，从而进行活动观察和分析，以便进行形成性评估和增量 HCD。VHCD 应该与有形性测试和增量有形化相结合。

Virtual Prototyping（**虚拟样机**）：HSI 中的一种方法，主要指在物理样机之前，使用计算机辅助设计、自动化和计算机辅助工程软件来观察、分析和验证人在回路活动构成的虚拟模型。

Vitalism（**生机论**）：由亨利・柏格森（Henri Bergson）提出，主要与爬虫类大脑有关，包括情绪、经验和技能等。这也与尼采（Nietzsche）的“权力意志”概念有关，后者接近叔本华（Schopenhauer）的“生存意志”，一种有意识和无意识地追求生存的心理力量。